Dirk Brechtken

Schutz und Selektivität in Niederspannungsanlagen

Dirk Brechtken

Schutz und Selektivität in Niederspannungsanlagen

2., neu bearbeitete Auflage

VDE VERLAG GMBH

ICS 29.020; 29.120.40; 29.130.20

Bibliografische Information der Deutschen Nationalbibliothek
Die Deutsche Nationalbibliothek verzeichnet diese Publikation in der Deutschen Nationalbibliografie; detaillierte bibliografische Daten sind im Internet über http://dnb.dnb.de abrufbar.

ISBN 978-3-8007-5844-9 (Buch)
ISBN 978-3-8007-5845-6 (E-Book)

Titelbild: Die Auslöseeinheit der Leistungsschalter SACE Emax lässt sich über ein Tablet parametrieren (ABB STOTZ-KONTAKT GmbH).

Druck: Plump Druck & Medien GmbH, Rheinbreitbach
Printed in Germany 2022-10

Vorwort

Der Erfolg der ersten Auflage sowie die zahlreichen positiven Rückmeldungen von Fachkollegen haben den konzeptionellen Ansatz dieses Fachbuchs bestätigt. Die vorliegende zweite, aktualisierte Auflage baut darauf auf.

Dem erfahrenen Anwender soll in kompakter Art und Weise aufgezeigt werden, wie bestehende Anforderungen unter Berücksichtigung der relevanten Normen erfüllt werden können. Dem Einsteiger soll das Gefühl für praktische Erfordernisse vermittelt werden, wobei dies weniger im Sinne eines Lehrbuchs als vielmehr eines Praxishandbuchs angestrebt ist.

Der Schutz von Personen und Betriebsmitteln steht im Vordergrund bei der Planung, der Errichtung und dem sicheren Betrieb elektrischer Anlagen.

Unabhängig davon ist unerlässlich, technisch-physikalische Zusammenhänge in elektrischen Anlagen erkennen und nachfolgend bewerten zu können. Erst dadurch wird es möglich, geeignete Schutzmaßnahmen für erkannte Gefährdungen zu definieren, auszuwählen und abschließend zu parametrieren.

In der Praxis sind immer wieder Mängel bei der Auswahl und Einstellung der Schutzgeräte festzustellen. Erfolgt eine Planung ohne geeignete Entwurfswerkzeuge, so ist eine mögliche Ursache in dem erheblichen Zeitaufwand für die Durchführung der erforderlichen Berechnungen zu sehen. Der Einsatz geeigneter softwaregestützter Werkzeuge kann diesen Druck mindern, reicht für sich genommen jedoch nicht aus. So liefern derartige Werkzeuge Lösungsansätze, die nachfolgend jedoch verfeinert und auf die konkrete Aufgabenstellung hin optimiert werden müssen.

Neben der Planung stellt auch die Inbetriebnahme eine mögliche Ursache fehlerhafter Schutzeinstellungen dar. Führt eine zunächst empfindliche Schutzeinstellung zu ungewollten Auslösungen, so kann eine Erhöhung der Auslösewerte die Inbetriebnahme erleichtern. Erforderlich ist in diesem Fall aber eine spätere Überprüfung und erforderlichenfalls eine Korrektur der Einstellwerte.

Eine Überprüfung der Einstellwerte im Rahmen von Wartungsarbeiten setzt voraus, dass diese Werte übersichtlich zusammengestellt sind.

Das vorliegende Buch setzt sich von der vorhandenen Fachliteratur dadurch ab, dass die Anforderungen zur Erfüllung von Schutz und Selektivität kompakt und direkt anwendbar dargestellt werden. Der Verzicht auf ausführliche Herleitungen wird durch zahlreiche Zitate auf die einschlägige Fachliteratur kompensiert.

Besonderer Dank gilt an dieser Stelle weiterhin Herrn Jürgen Jakob, ABB STOTZ-KONTAKT GmbH, für zahlreiche fachliche Diskussionen zu den Themen Schutz und Selektivität.

Besonders bedanken möchte ich mich außerdem beim Lektor, Herrn Bernd Schultz. Seine konstruktive und umfassende Unterstützung bei der Entwicklung dieses Buchs war außerordentlich wertvoll und stets angenehm.

Konz, im Oktober 2022 *Dirk Brechtken*

Inhalt

1 Netzstruktur und Netzform

1.1 Nennwerte und Bemessungswerte

Die Charakterisierung von Spannungen und Strömen in elektrischen Netzen erfolgt durch Effektivwerte, die üblicherweise durch Großbuchstaben dargestellt werden. Bei Bedarf können Ergänzungen durch Indizes gekennzeichnet werden.

Nach dieser Konvention wird die Nennspannung eines Netzes mit U_n bezeichnet. Der Nennwert stellt einen allgemein anerkannten Wert dar, der jedoch lediglich der Kennzeichnung der Netzebene dient. So wird in der Niederspannungstechnik beispielsweise die Nennspannung $U_n = 400$ V verwendet.

Die Betriebsmittel innerhalb dieses Netzes werden für den Bemessungsbetrieb ausgelegt. Dieser Bemessungsbetrieb stellt für die Betriebsmittel i. d. R. die maximale dauerhaft zulässige Beanspruchung dar. So wird beispielsweise die Bemessungsspannung eines Betriebsmittels mit U_r gekennzeichnet.

Der Nennwert stellt damit eine allgemein anerkannte Größe im Sinne einer Konvention dar, während der Bemessungswert eine dauerhaft maximal zulässige Grenzbelastung bezeichnet, die nicht überschritten werden darf. Der Bemessungswert ist in diesem Sinne als Ausdruck einer geprüften, technischen Eigenschaft zu verstehen und als maßgeblich für die Projektierung anzusehen.

1.2 Spannungsebenen in Deutschland

Die gewählte Spannungsebene beeinflusst entscheidend die Höhe der Verluste, da bei konstanter Leistung der Strom umgekehrt proportional zur Spannung ist.

Historisch gewachsen ist die Unterscheidung nach Nieder-, Mittel- und Hochspannung, wobei innerhalb der Hochspannung seit einiger Zeit zwischen Hoch- und Höchstspannung unterschieden wird. Diese Unterscheidung hat in die Normen jedoch keinen Eingang gefunden. Die VDE- bzw. EN-Richtlinien unterscheiden zwischen Spannungen bis einschließlich 1.000 V (Niederspannung) und Spannungen über 1.000 V (Hochspannung) [1].

Tabelle 1.1 zeigt die in Deutschland verwendeten Spannungsebenen und die ihnen zugeordneten Nennspannungen U_n. Unterstrichene Größen werden bei Neuplanungen bevorzugt verwendet.

Tabelle 1.1: Spannungsebenen, Nennspannungen und Anwendungsbereiche

Spannungs-ebene	Nieder-spannung	Mittel-spannung	Hoch-spannung	Höchst-spannung
U_n/[kV]	0,4 / 0,5 / 0,69	3, 6, 10, 15, 20, 30	60, 110	220, 380
Anwendung	Versorgung Endverbraucher	Verteilung, Versorgung von Großkunden	Verteilung, Versorgung von Städten	Übertragung

1.3 Systeme nach Art der Erdverbindung

Die nachfolgenden Ausführungen befassen sich mit den Anforderungen in der Mittelspannungs- und der Niederspannungsebene, wobei der thematische Schwerpunkt auf die Belange der Niederspannungstechnik gelegt ist.

1.3.1 Mittelspannung

In der Mittelspannungsebene sind einpolige Kurzschlüsse gegen Erde – auch als Erdschlüsse bezeichnet – die am häufigsten auftretenden Fehler [2]. Die Folgen dieser Fehler werden maßgeblich durch die Sternpunktbehandlung am Transformator beeinflusst. Nachfolgend sollen deshalb die Betriebsweise mit isoliertem Sternpunkt sowie die Resonanzsternpunkterdung kurz betrachtet werden.

1.3.1.1 Isolierter Sternpunkt

Wird das Mittelspannungsnetz mit isoliertem Sternpunkt betrieben, so besteht keine Verbindung zwischen dem Sternpunkt der spannungsführenden Leiter und der Erde. Bild 1.1 zeigt den prinzipiellen Aufbau.

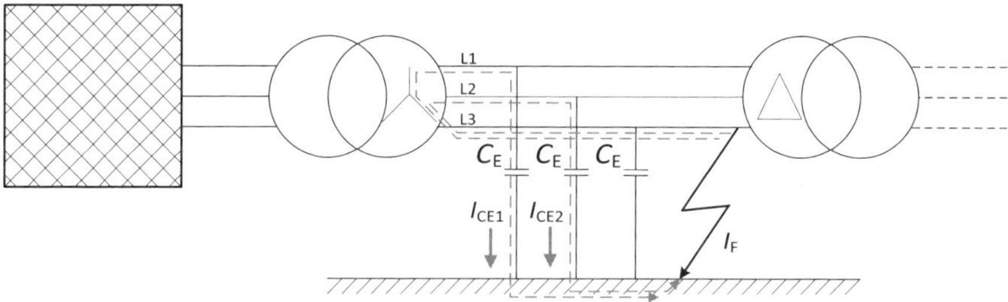

Bild 1.1: Mittelspannungsnetz mit isoliertem Sternpunkt

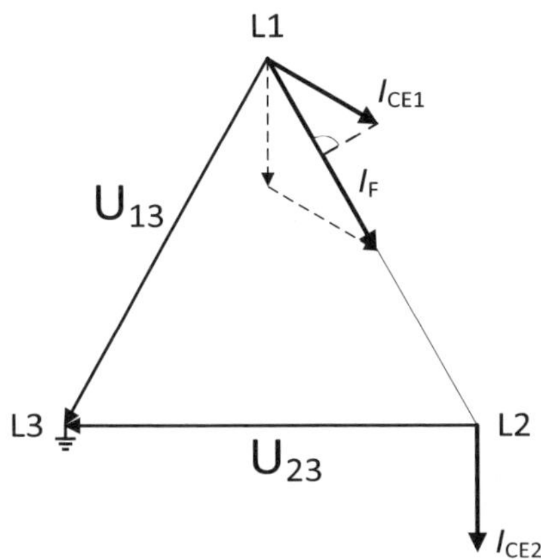

Bild 1.2: Zeigerdiagramm für Mittelspannungsnetz mit isoliertem Sternpunkt beim Erdschluss

Der Stromfluss I_F bei einem Erdschluss lässt sich mit Hilfe des Zeigerdiagramms entsprechend Bild 1.2 ermitteln. Beim Erdschluss steigt die Leiter-Erde-Spannung der vom Fehler nicht betroffenen Außenleiter auf den Wert der verketteten Spannung an. Aus der geometrischen Addition der kapazitiven Ströme I_{CE1} und I_{CE2} ergibt sich die Summe des Fehlerstroms I_F. Der Fehlerstrom I_F berechnet sich zu:

$$I_F = \sqrt{3} \cdot U_n \cdot \omega C_E \tag{1.1}$$

mit

I_F	Fehlerstrom
U_n	Nennspannung
ω	Kreisfrequenz (= $2 \cdot \pi \cdot f$)
f	Netzfrequenz

Die Erdkapazität C_E in Gleichung (1.1) wird im Wesentlichen durch die Leitergeometrie und die Kabellänge bestimmt. Üblich ist die Angabe einer längenbezogenen Kapazität C_E', die mitunter auch als Kapazitätsbelag bezeichnet wird.

In der Mittelspannungsebene ist überschlägig für Freileitungen von einem Kapazitätsbelag von etwa 5 nF/km auszugehen, für Kabel von etwa 250 nF/km. Der geringere Kapazitätsbelag der Freileitung resultiert aus der größeren Entfernung der Außenleiter voneinander bzw. gegenüber der Erde.

Sind der Kapazitätsbelag eines Kabels oder einer Freileitung sowie deren Länge bekannt, so kann der maximale Fehlerstrom bei einem Erdschluss berechnet werden. Für Freileitungsnetze kann auf dieser Grundlage von einem Erdschlussfehlerstrom von 0,5 A/km, für Kabelnetze von einem Erdschlussfehlerstrom von 2,7 A/km ausgegangen werden.

Ist die Höhe des zulässigen Erdschlussstroms begrenzt, so kann auf diese Weise bei bekannter längenbezogener Erdkapazität C_E' die maximale Ausdehnung l des Netzes festgelegt werden. Grenzwerte für den zulässigen Erdschlussstrom können beispielsweise aus [3] entnommen werden. Danach beträgt die Löschgrenze in diesen Netzen etwa 35 A. Die Löschgrenze beschreibt dabei denjenigen Erdschlussstrom, der maximal auftreten darf, um das selbstständige Verlöschen eines auftretenden Lichtbogens zu gewährleisten.

Ein aus technischer Sicht nicht unerheblicher Nachteil dieser Betriebsart resultiert aus der schnellen Wiederkehr der Spannung nach der Lichtbogenlöschung bei einem Erdschluss.

Zur Veranschaulichung dieses Sachverhalts wird für ein 20-kV-Netz entsprechend Bild 1.1 der zeitliche Verlauf der Spannungen in den Phasen L1, L2 und L3 gegenüber der Erde für den Fall eines auf 100 Millisekunden (ms) zeitlich begrenzten Erdschlusses dargestellt.

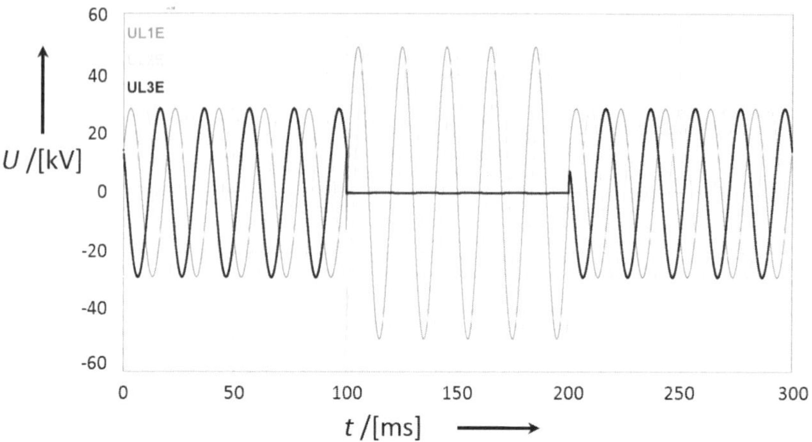

Bild 1.3: Zeitlicher Verlauf der Spannungen gegen Erde bei einem Erdschluss zum Zeitpunkt 0,1 s[1]

Bild 1.3 zeigt die Spannungen U_{L1E} (mittelgrau), U_{L2E} (hellgrau) und U_{L3E} (schwarz) gegenüber Erde.

Zum Zeitpunkt t = 0,1 s kommt es zum Erdschluss in der Phase L3. In der Folge dieses Erdschlusses steigt die Spannung in den Phasen L1 und L2 gegenüber Erde um den Faktor $\sqrt{3}$ an, was auch aus dem Zeigerdiagramm entsprechend Bild 1.2 zu entnehmen ist.

[1] Software: PSIM Professional 2021 b.1.7, Powersim Inc., USA

Zum Zeitpunkt t = 0,2 s endet dieser Erdschluss. In der Praxis kann es zu derart kurzzeitigen Erdschlüssen durch einen Ast kommen, der bei Wind Kontakt zu einem Phasenleiter bekommt.

Bild 1.3 lässt deutlich erkennen, dass nach dem Verlöschen des Erdschlusses die Spannung U_{L3E} (schwarz) innerhalb weniger ms wieder ihren Scheitelwert erreicht. Dies kann zum erneuten Zünden eines Erdschlusses an der Fehlerstelle führen, da die dielektrische Festigkeit noch nicht in vollem Maße wiederhergestellt ist.

Auf eine umfassende Darstellung der betriebstechnischen Besonderheiten beim Netzbetrieb mit isoliertem Sternpunkt sei an dieser Stelle verzichtet, da in den nachfolgenden Kapiteln die Themen Schutz und Selektivität im Vordergrund stehen.

Werden allein auf den vorgenannten Überlegungen basierend die Vor- und Nachteile dieser Betriebsweise gegenübergestellt, so folgt die Darstellung entsprechend Tabelle 1.2.

Tabelle 1.2: Vor- und Nachteile beim Netzbetrieb mit isoliertem Sternpunkt

Vorteile	Nachteile
Weiterbetrieb bei Erdschluss möglich	sprunghafter Spannungsanstieg um den Faktor √3 in „gesunden" Leitern
geringer Aufwand für Netzschutz	nach Lichtbogenlöschung tritt innerhalb von ca. 5 ms die volle Spannung wieder auf mit der Gefahr eines neuen Erdschlusses
	Löschgrenze von 35 A begrenzt die maximale Kabellänge auf wenig mehr als 10 km

1.3.1.2 Resonanzsternpunkterdung

Bei dieser Betriebsweise wird eine Erdschlussspule zwischen den Sternpunkt des Transformators und die Erde geschaltet. Auf diese Weise wird der kapazitive Erdschlussstrom im Fehlerfall durch einen induktiven Fehlerstrom (teilweise) kompensiert. Daher wird in diesem Zusammenhang auch von einer Erdschlusskompensation gesprochen bzw. von einem kompensierten Netz, im Gegensatz zum isolierten Netz entsprechend Abschnitt 1.3.1.1.

Bild 1.4 zeigt den prinzipiellen Aufbau. Es kommt zu einer Überlagerung der kapazitiven Fehlerströme mit dem induktiven Strom I_L durch die Verwendung einer Erdschlusslöschspule.

Die Wirkungsweise dieser Kompensation verdeutlicht das Zeigerdiagramm entsprechend Bild 1.5.

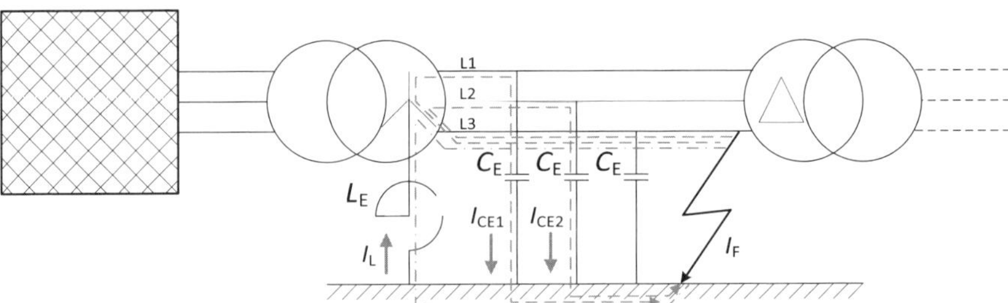

Bild 1.4: Mittelspannungsnetz mit Erdschlusslöschspule

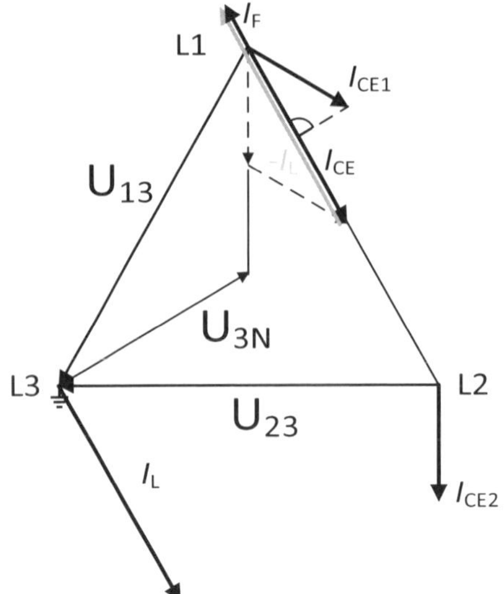

Bild 1.5: Zeigerdiagramm für Mittelspannungsnetz mit Erdschlusslöschspule

Die kapazitiven Fehlerströme I_{CE1} und I_{CE2} addieren sich zum kapazitiven Fehlerstrom I_{CE}. Für den Fehlerstrom I_F gilt:

$$\underline{I}_F + \underline{I}_L - \underline{I}_{CE} = 0 \tag{1.2}$$

Durch Umformung wird aus Gleichung (1.2):

$$\underline{I}_F = \underline{I}_{CE} - \underline{I}_L \tag{1.3}$$

Dieser Fehlerstrom ist somit gegenüber dem Fehlerstrom im isolierten Netz deutlich reduziert. Der Fehlerstrom im kompensierten Netz wird auch als Reststrom bezeichnet.

Die Induktivität der Spule bildet mit den Erdkapazitäten der nicht vom Fehler betroffenen Leiter einen Resonanzkreis. Wird die Induktivität so gewählt, dass es bei Netzfrequenz zur Resonanz kommt, so gilt bei verlustfreier Spule mit $I_F = 0$:

$$\underline{I}_{CE} = \underline{I}_L \tag{1.4}$$

$$\frac{U_{LN}}{\omega \cdot L_E} = \sqrt{3} \cdot U_n \cdot \omega \cdot C_E \tag{1.5}$$

Durch Umformung und Auflösung nach L_E wird aus Gleichung (1.5):

$$L_E = \frac{1}{3 \cdot \omega^2 \cdot C_E} \tag{1.6}$$

Im praktischen Betrieb wird jedoch von einer exakten Abstimmung auf Resonanz abgesehen und stattdessen der Schwingkreis mit einer leichten Verstimmung betrieben.

Der Verstimmungsgrad v lässt sich nach [4] bestimmen zu:

$$v = \frac{I_L - I_{CE}}{I_{CE}} \cdot 100\ \% \tag{1.7}$$

Üblicherweise werden die Netze mit einer leichten Überkompensation im Bereich v = 5…10 % betrieben, um Resonanzeffekte zu vermeiden.

Beim Freischalten von Leitungsabschnitten verringert sich dann die Leiter-Erde-Kapazität, wodurch die Resonanzfrequenz zu höheren Frequenzen hin verschoben wird. Würde anstelle einer Über- eine Unterkompensation verwendet, so könnte es durch Freischalten von Leitungsabschnitten und den damit verbundenen Anstieg der Resonanzfrequenz zur Anregung durch die Netzfrequenz kommen, was vermieden werden soll.

Diese Betriebsweise führt dazu, dass ein Erdschlussreststrom verbleibt. Sofern dessen exakte Höhe nicht bekannt ist, darf gemäß [5] ein Wert von 10 % des Stroms I_{CE} angesetzt werden, der ohne den Anschluss von Erdschlusslöschspulen auftreten würde.

Nach [6] kann bei Resonanzsternpunkterdung in Mittelspannungsnetzen von einer Löschgrenze von 60 A ausgegangen werden. Erdschlussrestströme oberhalb dieses Grenzwerts sollten daher im Sinne eines zuverlässigen, selbstständigen Verlöschens von Erdschlusslichtbögen vermieden werden.

Vor diesem Hintergrund ist auch darauf zu achten, dass der Verstimmungsgrad v gemäß Gleichung (1.7) nicht unnötig groß gewählt wird. So verweist [7] darauf, dass in 10-kV-Netzen eine Verstimmung von 20 % nicht überschritten werden sollte, um den Effekt der Selbstlöschung nicht zu gefährden.

Ein aus technischer Sicht großer Vorteil ist neben den reduzierten Fehlerströmen die vergleichsweise langsame Wiederkehr der Spannung nach der Lichtbogenlöschung bei einem Erdschluss.

Zur Veranschaulichung dieses Sachverhalts wird für ein 20-kV-Netz entsprechend Bild 1.4 der zeitliche Verlauf der Spannungen in den Phasen L1, L2 und L3 gegenüber Erde für den Fall eines auf 100 Millisekunden (ms) zeitlich begrenzten Erdschlusses dargestellt.

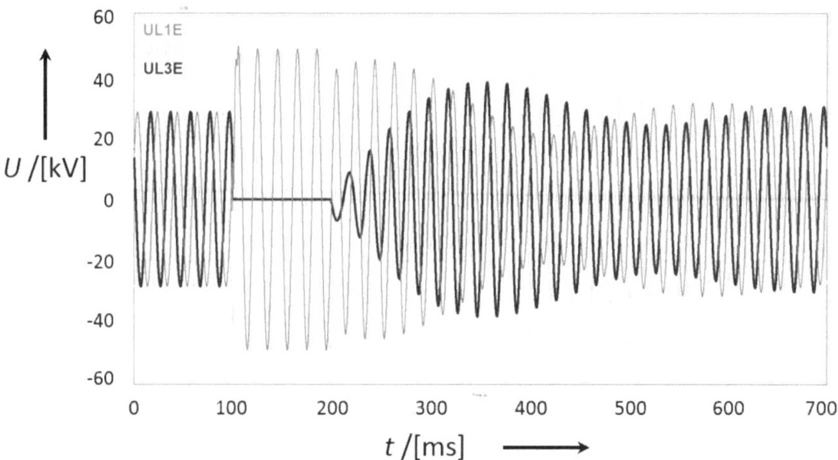

Bild 1.6: Zeitlicher Verlauf der Spannungen gegen Erde bei einem Erdschluss zum Zeitpunkt 0,1 s[2]

Bild 1.6 zeigt die Spannungen U_{L1E} (mittelgrau), U_{L2E} (hellgrau) und U_{L3E} (schwarz) gegenüber Erde.

Zum Zeitpunkt t = 0,2 s kommt es zum Erdschluss in der Phase L3. In der Folge dieses Erdschlusses steigt die Spannung in den Phasen L1 und L2 gegenüber Erde um den Faktor √3 an, was auch aus dem Zeigerdiagramm entsprechend Bild 1.5 zu entnehmen ist.

Zum Zeitpunkt t = 0,3 s endet dieser Erdschluss.

Bild 1.6 lässt deutlich erkennen, dass nach dem Verlöschen des Erdschlusses die Spannung U_{L3E} (schwarz) erst im Verlauf einiger Perioden wieder ihren Scheitelwert erreicht. Diese Zeitdauer reduziert die dielektrische Beanspruchung der Fehlerstelle; es verbleibt mehr Zeit zur Abkühlung und damit zum Wiedererlangen der dielektrischen Festigkeit, was sich auf die Erhöhung der Löschgrenze auswirkt.

[2] Software: PSIM Professional 2021 b.1.7, Powersim Inc., USA

Tabelle 1.3: Vor- und Nachteile beim Netzbetrieb mit Erdschlusslöschspule

Vorteile	Nachteile
Weiterbetrieb bei Erdschluss möglich	sprunghafter Spannungsanstieg um den Faktor √3 in „gesunden“ Leitern
wiederkehrende Spannung steigt nach Lichtbogen langsam wieder an	zusätzlicher Aufwand für Erdschlusslöschspule
Lichtbogenfehler verlöschen – zumindest bei Freileitungsnetzen – meist von selbst	

Tabelle 1.3 stellt den Vorteilen dieser Betriebsart die Nachteile gegenüber.

Beide Sternpunktbehandlungen ermöglichen zwar den Weiterbetrieb bei Erdschluss, können jedoch während der Dauer des Fehlers zu hohen Schritt- und Berührungsspannungen führen. Dem Aspekt der Versorgungssicherheit sind insoweit Überlegungen zur Personensicherheit gegenüberzustellen.

1.3.1.3 Kurzzeitig niederohmige und starre Sternpunkterdungen

Eine kurzzeitig niederohmige Sternpunkterdung wird in Verbindung mit einer Resonanzsternpunkterdung angewendet, um aufgetretene Erdschlüsse selektiv abzuschalten.

Dazu wird parallel zur Erdschlusslöschspule ein Widerstand zugeschaltet, welcher den Erdfehlerstrom auf Werte von bis zu 1.000A begrenzt. Bei Widerstandswerten von etwa 10 Ω entstehen dabei derart hohe Verlustleistungen, dass diese Zuschaltung nur kurzzeitig möglich ist. Für den Anwendungszweck, eben eine selektive Ausschaltung, ist dies jedoch ausreichend.

Eine starre Erdung vermeidet den Spannungsanstieg in den „gesunden“, d. h. nicht vom Fehler betroffenen Leitern. Vorteilhaft bei dieser Betriebsweise ist außerdem eine einfache Identifizierung des Fehlers. Nachteilig sind die hohen Fehlerströme, die große Anforderungen an die Erdung der Anlagen stellen sowie die dann fehlende Möglichkeit, dass Netz bei einem Erdschluss zumindest für die Dauer von wenigen Stunden weiter betreiben zu können und auf diese Weise die Versorgungssicherheit aufrecht zu erhalten.

1.3.2 Niederspannung

1.3.2.1 Kennzeichnung der Systeme nach Art der Erdverbindung

Niederspannungsnetze sind entweder einphasig (Wechselstrom) oder dreiphasig (Drehstrom) ausgeführt. Die Art der Erdverbindung wird durch zwei Buchstaben gekennzeichnet [8]:

Der erste Buchstabe beschreibt die Erdungsverhältnisse der Stromquelle:

- T – direkte Erdung eines Punkts;
- I – Isolierung aller spannungsführenden Teile von Erde oder Erdung eines Punkts über eine Impedanz.

Der zweite Buchstabe beschreibt die Erdungsverhältnisse der leitfähigen Anlagenkomponenten:

- T – direkt und unabhängig von der Stromquelle geerdet;
- N – direkte Verbindung der leitfähigen Komponenten über PEN- bzw. PE-Leiter mit Betriebserde.

Falls eine direkte Verbindung der leitfähigen Komponenten über PEN- bzw. PE-Leiter mit der Betriebserde vorliegt („N"), wird die Anordnung von Neutralleiter und Schutzleiter durch einen weiteren Buchstaben gekennzeichnet:

- C – Neutralleiter- und Schutzleiterfunktionen kombiniert in einem Leiter (PEN);
- S – Neutralleiter- und Schutzleiterfunktionen durch separate Leiter (PE + N).

Nachfolgend werden die in der Niederspannungstechnik verwendeten Systeme kurz vorgestellt.

Eine detailliertere Auseinandersetzung mit den Systemen erfolgt im Zusammenhang mit der Betrachtung der Schutzanforderungen.

1.3.2.2 TN-, TT- und IT-System

Bild 1.7 zeigt das TN-System. Der Sternpunkt des Transformators ist im TN-System geerdet. Sämtliche metallische Gehäuse von Betriebsmitteln müssen mit diesem geerdeten Punkt durch den Schutzleiter (PE) oder den kombinierten Schutz- und Neutralleiter (PEN) verbunden sein. Die dargestellte, in der Praxis häufig anzutreffende Verbindung der Haupterdungsschiene mit dem Fundamenterder führt zu Streuströmen und kann den zuverlässigen Betrieb elektronischer Geräte gefährden. Für die Funktion des TN-Systems ist diese Verbindung nicht erforderlich [9].

Es wird unterschieden zwischen TN-S-, TN-C- oder auch TN-C-S-System. Bei Verwendung eines TN-C-Systems ist jedoch zu beachten, dass dies nur bei Querschnitten von mindestens 10 mm² (Kupferleiter) bzw. 16 mm² (Aluminiumleiter) zulässig ist. Außerdem ist im TN-C-System die Verwendung von RCDs nicht möglich.

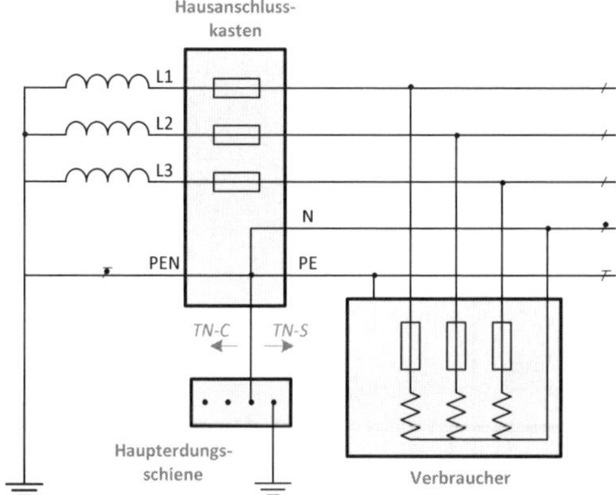

Bild 1.7: TN-Netz

Bild 1.8 zeigt das System TT. Im TT-Netz sind die metallischen Gehäuse der Betriebsmittel an einen gemeinsamen Erder angeschlossen. Der Sternpunkt des Transformators ist davon unabhängig geerdet.

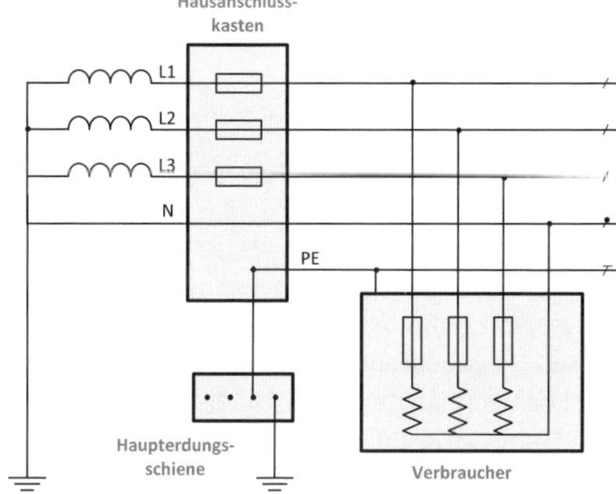

Bild 1.8: TT-Netz

Bild 1.9 zeigt das System IT. Im IT-Netz sind die metallischen Gehäuse der Betriebsmittel an einen gemeinsamen Erder anzuschließen.

Der Sternpunkt des Transformators ist isoliert, darf jedoch nach [8] auch über eine Impedanz mit Erde verbunden sein. Auf die Darstellung eines Hausanschlusskastens wurde in Bild 1.9 verzichtet, da üblicherweise nicht komplette Gebäude als IT-Netz versorgt werden.

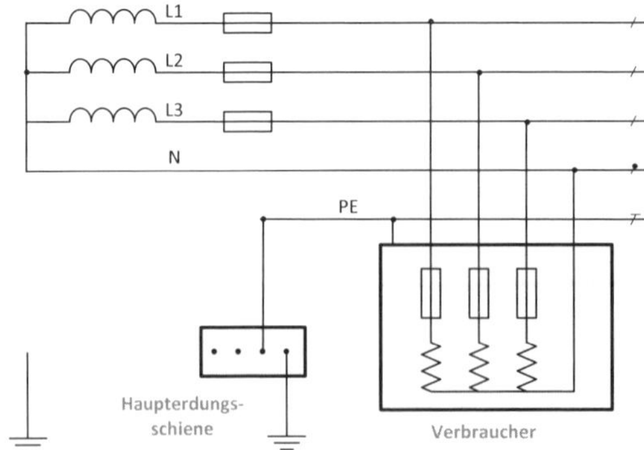

Bild 1.9: IT-Netz

An dieser Stelle soll die Unterscheidung nach Art der Erdverbindung für die Anwendungen innerhalb der Niederspannungstechnik nur kurz skizziert werden. Bezüglich der Anforderungen an den Fehlerschutz, hier insbesondere das Berühren im Fehlerfall, sei auf das Kapitel 3 verwiesen.

2 Überlast- und Kurzschlussschutz elektrischer Betriebsmittel

Ausgangspunkt für die Auslegung elektrischer Anlagen ist üblicherweise eine Aufstellung der zu versorgenden Verbraucher, in der Praxis auch als Verbraucherliste bezeichnet. Dabei legt ein Versorgungskonzept fest, welche Verbraucher in welcher Weise in das Netz integriert werden und welche Anforderungen beispielsweise hinsichtlich der Versorgungssicherheit zu berücksichtigen sind. Die nachfolgende Dimensionierung sämtlicher elektrischer Betriebsmittel hat derart zu erfolgen, dass sowohl der Normalbetrieb sichergestellt als auch der Fehlerfall beherrscht wird.

Kann die Dimensionierung für den Normalbetrieb im Endstromkreis zunächst vom Leistungsbedarf der Last ausgehend vorgenommen werden, so ist spätestens eine Hierarchieebene darüber festzulegen, welche Gleichzeitigkeit den versorgten Verbrauchern beizulegen ist.

Erfahrungswerte für Gleichzeitigkeitsfaktoren finden sich in [10], für Wohngebäude auch in [11]. Hinsichtlich einer zweckmäßigen Wahl des Gleichzeitigkeitsfaktors ist ergänzend empfehlenswert, sich an vergleichbaren Anlagen durch geeignete Messungen einen Überblick über die tatsächlich auftretenden Gleichzeitigkeitsfaktoren zu verschaffen. Auf diese Weise lässt sich das Risiko einer fehlerhaften Auswahl minimieren. Dieses Risiko betrifft sowohl einen zu gering als auch einen zu hoch angesetzten Gleichzeitigkeitsfaktor. Wird ein Gleichzeitigkeitsfaktor zu gering gewählt, drohen trotz korrekter Dimensionierung der Schalt- und Schutzgeräte unerwartete Auslösungen der Schutzgeräte, um überlastete Betriebsmittel zu schützen. Wird ein Gleichzeitigkeitsfaktor zu hoch gewählt, werden Betriebsmittel wie Kabel und Transformatoren nicht wirtschaftlich ausgenutzt. Beide Fälle beinhalten somit ein erhebliches Planungsrisiko. Bezüglich der Leistungsbedarfsermittlung und der nachfolgenden Dimensionierung der Betriebsmittel sei an dieser Stelle auf die reichlich vorhandene Fachliteratur verwiesen, z. B. [10], [12], [13].

Nachfolgend soll die Vermeidung von Schäden infolge von Überströmen im Mittelpunkt stehen. Dazu werden zunächst die spezifischen Merkmale für Transformatoren, für Kabel bzw. Leitungen, für Motoren und für Kondensatoren behandelt, welche für die in einem nachfolgenden Kapitel beschriebene Auswahl und Parametrierung der Schaltgeräte von Bedeutung sind.

Wesentlich erscheint in diesem Zusammenhang die Unterscheidung zwischen Überstrom, Überlaststrom und Kurzschlussstrom gemäß [14]:

- *Überstrom:* Der Überstrom ist ein Strom, welcher den Bemessungswert des Stroms übersteigt.

- *Überlaststrom:* Der Überlaststrom ist ein Überstrom, welcher in einem Stromkreis entsteht, jedoch nicht durch einen Kurzschluss oder einen Erdschluss hervorgerufen wird. Betriebsmäßig auftretende Überströme, beispielsweise der Anlaufstrom eines Motors, fallen unter diese Kategorie.
- *Kurzschlussstrom:* Der Kurzschlussstrom ist derjenige Strom, welcher durch einen Fehler mit geringer Impedanz zwischen Leitern verursacht wird. Sind in einem dreiphasigen Netz die drei Phasen betroffen, so wird von einem 3-poligen Kurzschlussstrom, andernfalls von einem 2-poligen Kurzschlussstrom gesprochen. Ein 1-poliger Erdkurzschluss entsteht durch eine Verbindung zwischen einem Leiter und Erdpotential [15].

Tabelle 2.1 stellt die grundlegenden Schutzanforderungen sowie deren Bezüge in den VDE-Bestimmungen zum Errichten von Niederspannungsanlagen zusammen.

Tabelle 2.1: Grundlegende Schutzanforderungen

Schutzanforderung	normative Grundlage	VDE-Bestimmung
Schutz gegen Überlast	IEC 60364-4-43	VDE 0100-430 [16]
Schutz gegen Kurzschluss	IEC 60364-4-43	VDE 0100-430 [16]
Schutz gegen elektrischen Schlag	IEC 60364-4-41	VDE 0100-410 [17]

Der Schutz gegen elektrischen Schlag [17] stellt eine Maßnahme zum Personenschutz dar und wird separat in Kapitel 3 behandelt. Anforderungen an den Spannungsfall sowie zur Selektivität stellen weitergehende Forderungen dar, welche auf den vorgenannten grundlegenden Anforderungen aufbauen.

Anforderungen zum Schutz von aktiven Leitern bezüglich der Auswirkungen bei Überströmen werden in [17] beschrieben. In dieser VDE-Bestimmung wird beschrieben, wie aktive Leiter in Fällen von Überlast (Abschnitt 433) und Kurzschluss (Abschnitt 434) durch eine automatische Abschaltung der Stromversorgung zu schützen sind.

Wesentlich erscheint der Hinweis im Anwendungsbereich unter der Anmerkung 3: „*Der Schutz von Leitern entsprechend dieser Norm stellt nicht notwendigerweise den Schutz der Betriebsmittel sicher, die an diese Leiter angeschlossen sind.*“

Ausgenommen vom Anwendungsbereich sind Fälle, bei denen der Überstrom in Übereinstimmung mit Abschnitt 436 begrenzt ist oder wo die Bedingungen, die in Abschnitt 433.3 (Verzicht auf Einrichtungen zum Schutz bei Überlast) oder Abschnitt 434.3 (Verzicht auf Einrichtungen zum Schutz bei Kurzschluss) beschrieben sind. Die Koordination des Schutzes bei Überlast und bei Kurzschluss wird in Abschnitt 435 behandelt.

2.1 Schutz von Transformatoren

Transformatoren sind in gestuften Bemessungsleistungen S_r erhältlich und stellen häufig die Verbindung vom Mittelspannungs- ins Niederspannungsnetz dar. Üblich sind Bemessungsleistungen von 250kVA, 315 kVA, 400 kVA, 500 kVA, 630 kVA, 800 kVA, 1.000 kVA, 1.250 kVA, 1.600 kVA, 2.000 kVA, 2.500 kVA. Die Stufung folgt der Reihe R10[3]. Größere und kleinere Bemessungsleistungen sind möglich und folgen in gleicher Weise dieser Reihe.

Die relative Kurzschlussspannung u_k beträgt üblicherweise 4 % bis zu einer Leistung von 630 kVA, darüber ist von einem u_k = 6 % auszugehen.

Der Wirkanteil der relativen Kurzschlussspannung u_R beträgt über 2 % bei geringen Bemessungsleistungen und sinkt auf weniger als 1 % bei großen Bemessungsleistungen.

Grundsätzliche Gefährdungen des Transformators drohen durch Überlastung, einen Kurzschluss oder einen Erdschluss. Diese Gefährdungen werden nachfolgend betrachtet.

Bild 2.1 zeigt dabei eine schematische Darstellung eines MS/NS-Transformators. Auf der primärseitigen Mittelspannungsebene erfassen Überstromrelais die Ströme in den Phasen L1, L2 und L3. Ein Erdschlussrelais kann diese Schutzmaßnahme ergänzen. Bei einem Erdschlussrelais handelt es sich um ein Spannungsrelais zur Erfassung von Erdschlüssen. Für dessen Anregung wird die Verlagerungsspannung in Drehstromsystemen beim Auftreten eines Erdschlusses verwendet. Kennzeichen eines Erdschlusses sind die herabgesetzte Spannung zwischen dem erdschlussbehafteten Leiter gegen Erde sowie eine erhöhte Spannung der nicht vom Erdschluss betroffenen Leiter.

Sekundärseitig wird auf der Niederspannungsebene der Strom auf den Phasen L1, L2 und L3 mit Stromwandlern sowie bei Bedarf im Transformatorsternpunkt mit einem Erdschlusswandler überwacht.

Dabei soll diese Darstellung die grundsätzlichen Schutzmöglichkeiten verdeutlichen. Welche Schutzmaßnahmen im konkreten Fall umgesetzt werden, wird nicht zuletzt auch unter wirtschaftlichen Faktoren bestimmt.

[3] Die Normzahlen sind gerundete Werte einer geometrischen Reihe, die auf der Basis 10 aufgebaut ist. Dabei wird der vorhergehende Wert jeweils mit dem Wert $10^{0,1}$ = 1,2589 multipliziert. Nach 10-maligem Multiplizieren hat sich der Ausgangswert verzehnfacht, nach 3-maligem Multiplizieren hat sich der Ausgangswert verdoppelt.

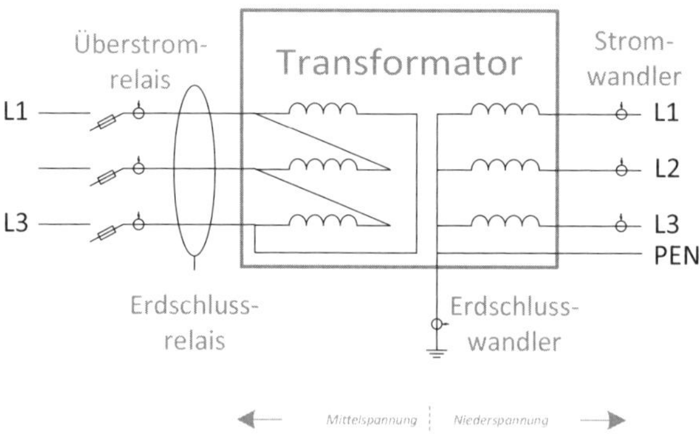

Bild 2.1: Schematische Darstellung eines Transformators

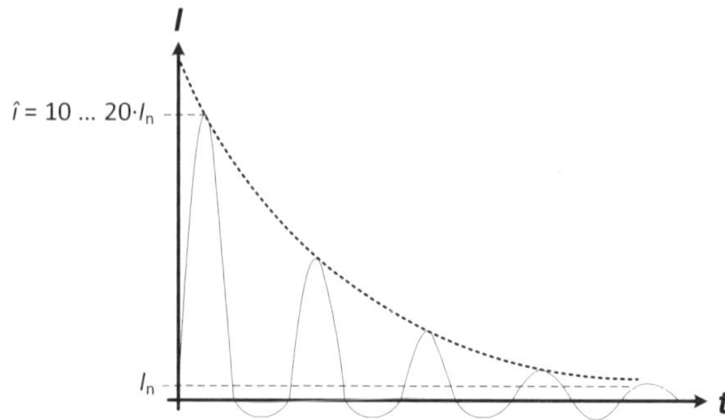

Bild 2.2: Schematische Darstellung der Einschaltströme eines Transformators

Der Einschaltstrom des Transformators beträgt je nach Transformatortyp und Größe das 10- bis 20-fache seines Nennstroms I_n für die Dauer von wenigen hundert Millisekunden [18]. Bild 2.2 skizziert den Verlauf dieser Einschaltströme.

2.1.1 Gefährdung durch Überlast

Eine Überlastung kann aus einer Erhöhung der Anzahl der gleichzeitig gespeisten Lasten oder allgemein aus einer Erhöhung der Leistung resultieren.

Als Überlaststrom sind dabei grundsätzlich Ströme oberhalb des Bemessungsstroms anzusehen. Für den Bemessungsstrom I_r gilt bei bekannter Bemessungsspannung U_r:

$$I_r = \frac{S_r}{\sqrt{3} \cdot U_r} \quad (2.1)$$

Der Überlastfall bewirkt eine sich langsam entwickelnde Temperaturerhöhung innerhalb des Transformators, die bei ausreichend langer Einwirkdauer die Isolation schädigen und die Lebensdauer des Transformators herabsetzen kann.

In welchem Ausmaß ein Transformator überlastbar ist, wird wesentlich durch die Auswahl der Isolationsart beeinflusst, welche in der Praxis häufig durch brandschutztechnische Anforderungen bestimmt wird.

In welchem Umfang eine zeitweilige Überlastbarkeit möglich ist, sollte mit dem Hersteller abgestimmt werden [19]. Möglich kann eine derartige Überlastbarkeit durch eine Zwangskühlung des Transformators werden, allerdings ist auch ohne derartige Maßnahmen eine zeitlich begrenzte Überlastung möglich.

So stellt beispielhaft Tabelle 2.2 die Überlastbarkeit von Trockentransformatoren und luftgekühlten Öltransformatoren vergleichend gegenüber.

Tabelle 2.2: Überlastbarkeit von Transformatoren

Überlastungsdauer	Öltransformator	Trockentransformator
½ h	200 %	162 %
1 h	175 %	127 %
4 h	129 %	110 %

Die Werte für Trockentransformatoren basieren auf [20], [21]. Dabei wird zugrunde gelegt, dass die Überlast auftritt, nachdem der Transformator zuvor mit 60 % seiner Bemessungsleistung beansprucht wurde.

Deutlich erkennbar ist die geringere Überlastbarkeit von Trockentransformatoren im Vergleich zu Öltransformatoren. Erklärbar ist dies durch die Ölströmung, welche die Wärmeabfuhr innerhalb des Transformators erleichtert. Der Trockentransformator verfügt nicht über diese Möglichkeit des Wärmetransports. Bei der Dimensionierung kann diese Überlastbarkeit vorteilhaft genutzt werden, wenn für Lastspitzen bekannt ist, dass diese nur für eine relativ kurze Dauer auftreten.

Da die üblicherweise in der Niederspannungstechnik verwendeten Schaltgeräte keine Parametrierbarkeit im Bereich von mehr als wenigen Minuten aufweisen, ist schutztechnisch eine diesbezügliche Differenzierung nicht möglich.

Ab welcher Stromstärke von einer Gefährdung des Transformators auszugehen ist, muss unter Berücksichtigung von Transformatortyp und Anwendung, erforderlichenfalls auch in Abstimmung mit dem Hersteller festgelegt werden.

Zu berücksichtigen sind außerdem Netzrückwirkungen durch nicht-lineare Lasten. Die Berechnung des in diesem Fall erforderlichen Reduktionsfaktors beschreibt [22].

Wird ohne Berücksichtigung derartiger Netzrückwirkungen auf Grundlage der vorgenannten Überlegungen eine Abschätzung für einen maximal zulässigen Überstrom $I_{oc\,max}$ des Transformators vorgenommen, so wäre in Abhängigkeit vom Transformatortyp zu fordern:

Trockentransformator:

$$I_{\text{oc max}} = 1{,}0 \ldots 1{,}1 \cdot I_{\text{r}} \tag{2.2}$$

Öltransformator:

$$I_{\text{oc max}} = 1{,}0 \ldots 1{,}3 \cdot I_{\text{r}} \tag{2.3}$$

Für den ölgefüllten Transformator liegt diese Forderung auch innerhalb der Grenzen gemäß [23].

Die Verwendung eines Werts von 1,0 wäre dabei als vorsichtige Wahl anzusehen, höhere Werte sollten stets unter Berücksichtigung der konkret vorliegenden Anwendung sowie der Betriebsbedingungen ausgewählt werden. Dabei ist sicherzustellen, dass eine Strombelastung oberhalb des Bemessungsstrom I_r nur innerhalb eines entsprechend begrenzten Zeitfensters erfolgt.

Eine Steigerung der übertragbaren Leistung ist grundsätzlich möglich durch Verwendung von Querstromlüftern, welche die Wärmeabfuhr aus der Wicklung verbessern. Diesbezügliche Aussagen liefert der Transformatorhersteller.

Eine regelmäßig genutzte Überlastung kann Auswirkungen auf die Lebensdauer haben. Betrachtungen zur verbleibenden Lebensdauer von Transformatorwicklungen bei Überlastungen finden sich in [23].

Schutzmaßnahmen gegen eine Überlastung können sowohl primär- als auch sekundärseitig erfolgen. In der Praxis kommt meist eine Mitnahmeschaltung zum Einsatz, die bei einer Auslösung z. B. auf der Sekundärseite auch den Schalter auf der Primärseite auslöst.

2.1.2 Gefährdung durch Kurzschluss

Ein Kurzschluss kann innerhalb eines Transformators oder außerhalb, d. h. an seinen Klemmen, erfolgen.

Ein Kurzschluss innerhalb des Transformators kann entweder zwischen zwei Phasen oder zwischen zwei Windungen innerhalb derselben Wicklung erfolgen. Beide Fehler führen mit zunehmender Dauer zu einer hohen thermischen Belastung der Wicklung. Neben der lokalen Zerstörung der Transformatorwicklung droht bei einem stromstarken Kurzschluss eine Gasentwicklung, welche bei einem Öltransformator im Extremfall zum Austreten von brennendem Öl führen kann. Ein Kurzschluss führt zusätzlich zu einer hohen elektrodynamischen Beanspruchung innerhalb des Transformators. Diese wiederum kann in der Folge zu einer Beschädigung der Wicklung führen und nachfolgend einen Kurzschluss innerhalb des Transformators bewirken.

Ein Kurzschluss an den oberspannungsseitigen Klemmen führt zu Schäden im Anschlussbereich. Die Wicklungen des Transformators sind von diesem Fehler üblicherweise nicht betroffen, weshalb dieser Fehler nicht unter dem Aspekt der Gefährdung des Transformators zu behandeln ist.

Nach [24] sollte die Kurzschlussleistung „... *am Aufstellungsort des Transformators vom Käufer in seiner Anfrage festgelegt werden, um den Wert des symmetrischen Kurzschlussstromes zu erhalten, der für die Auslegung und die Prüfungen verwendet wird.*“

Wenn die Kurzschlussleistung des Netzes nicht festgelegt ist, ist in Mittelspannungsnetzen von einer Kurzschluss-Scheinleistung von 500 MVA [24] auszugehen.

Die Anforderungen an den Transformator hinsichtlich des Kurzschlussschutzes lassen sich durch eine dynamische und eine thermische Kurzschlussfestigkeit beschreiben.

Die dynamische Kurzschlussfestigkeit des Transformators wird gemäß [24] durch Prüfungen oder durch Berechnungen sowie Auslegungs- und Herstellerbetrachtungen nachgewiesen. Für die dynamische Kurzschlussfestigkeit des Transformators ist zu fordern, dass diese größer ist als die maximal mögliche Amplitude des Kurzschlussstroms am Einbauort.

Die thermische Kurzschlussfestigkeit des Transformators wird nach [24] durch Berechnung nachgewiesen. Die Dauer des Stroms, der für die Bestimmung der thermischen Kurzschlussfestigkeit verwendet wird, muss 2 Sekunden betragen, solange keine andere Dauer festgelegt wurde. In diesem Fall ist bei Einbindung ins Netz zu fordern, dass die Dauer des Kurzschlussstroms, der für die thermische Kurzschlussfestigkeit verwendet wird, einen Wert von 2 Sekunden nicht überschreitet.

Ein Kurzschluss am oder im Transformator führt primärseitig zu einem Stromanstieg. Sekundärseitig tritt in diesem Fall ein Stromanstieg nur auf, falls es schaltungsbedingt zu einer Rückspeisung kommt. Schutzmaßnahmen müssen deshalb primärseitig vorgenommen werden.

2.2 Kabel und Leitungen

Als Leiterwerkstoffe kommen Kupfer oder Aluminium zur Anwendung. Zwar ist der Leitwert κ für Kupfer (κ_{Cu} = 56 m/mm²Ω) mehr als 50 % höher als der von Aluminium (κ_{Al} = 35 m/mm²Ω), aufgrund veränderlicher Rohstoffpreise können dennoch beide Materialien wirtschaftlich anwendbar sein.

Der Aufbau erfolgt ein oder mehrdrähtig, die Leiterquerschnittsform ist rund oder sektorförmig. Querschnitte oberhalb von 25 mm² werden zumeist mehrdrähtig ausgeführt, um handhabbare Biegeradien zu erzielen. In der Niederspannungstechnik ist die Verwendung von Querschnitten oberhalb 300 mm² aus demselben Grund unüblich.

Als Aderisolierung wird üblicherweise Kunststoff verwendet. Kostengünstig ist die Anwendung von PVC (Polyvinylchlorid), alternative, höherwertige Isolierstoffe sind VPE bzw. XLPE (vernetztes Polyethylen), EPR (Ethylen-Propylen-Kautschuk, Gummi) oder mineralstoffisolierte Kabel.

Das Chlor im PVC ersetzt in jeder vierten Bindung ein Wasserstoff-Atom und bewirkt eine Erhöhung der Entzündungstemperatur. Der Werkstoff ist dadurch vergleichsweise schlecht brennbar. Im Brandfall können sich jedoch die abgespaltenen Halogenide, hier das Chlor, mit Wasserstoff zu HCl (Salzsäure) verbinden. Diese Säuren können Stahlarmierungen in Gebäuden im Brandfall derart korrodieren, dass eine Instandsetzung nach dem Brandfall nicht mehr möglich ist. Problematisch für den Einsatz von PVC kann außerdem die Erweichung bei bereits ca. 110 °C, die Empfindlichkeit gegen ultraviolette Strahlung (UV) und die Versprödung bei niedrigen Temperaturen sein. Die vergleichsweise hohen dielektrischen Verluste spielen dagegen in der Niederspannungstechnik normalerweise keine Rolle.

PE enthält kein Chlor, der Wegfall dieses Halogenids wird auch als Halogenfreiheit bezeichnet. Um die Brennbarkeit des PE zu reduzieren, werden bei der Herstellung Zusatzstoffe beigegeben. Üblich ist die Verwendung von Aluminiumoxydhydrat ($Al(OH)_3$). Dieser Komplex wird im Brandfall in Aluminiumoxid (Al_2O_3) und Wasser (H_2O) aufgespalten. Das Wasser entzieht durch die Verdampfung dem Werkstoff Wärme und hemmt damit die Brandfortleitung. Dieses Kabel ist kältebeständig und wasserundurchlässig, weist jedoch ebenfalls eine geringe UV-Beständigkeit auf.

EPR ist eine flexible Isolierung, die als wärmebeständige Gummileitung vom Nachweis der Feuersicherheit ausgenommen ist.

Mineralstoffisolierte Leitungen verfügen über eine Isolation aus einem hochverdichteten Magnesiumoxid-Pulver, das von einem Kupfermantel umgeben ist. Die

Schmelztemperatur des Kupfermantels ist mit über 1.000 °C die thermische Grenze des Kabels im Brandfall.

Die Wahl des Isolierstoffs und die damit verbundenen Auswirkungen auf den Brandschutz werden ausführlich in [25] dargestellt. Bedeutsam ist in diesem Zusammenhang die Frage nach dem Verhalten des Isolierstoffs im Brandfall, wobei die Aspekte der Entzündbarkeit, der Brandfortleitung, der freigesetzten Energie im Brandfall (Brandlast) und der Funktionserhalt eine Rolle spielen.

Durch den Funktionserhalt einer elektrotechnischen Anlage wird ein begrenzter Weiterbetrieb der Anlage erreicht. Hierdurch werden die Erfüllung der Schutzbedürfnisse von Menschen oder Sachen, die Gewährleistung der erforderlichen Evakuierungszeit, Zeitgewinn zur definierten Beendigung von Betriebsabläufen oder für Gegenmaßnahmen und Rettungsaktionen erreicht.

Kabel mit integriertem Funktionserhalt verfügen über eine spezielle Bewicklung der Kupferleiter mit Glasseide oder Glimmerband. Im Brandfall verbrennt die Isolierung der Kabel und bildet eine isolierende Ascheschicht, die durch die Bewicklung zusammengehalten wird.

Hinsichtlich des Funktionserhalts unterscheidet [26] zwischen den Klassen E30, E60 und E90. Der Zahlenwert gibt dabei die Mindestdauer des Funktionserhalts in Minuten an und ist auf das Kabel als E30, E60 bzw. E90 aufgedruckt. Zur Dimensionierung wird beschrieben: „Für Kabelanlagen mit integriertem Funktionserhalt sind annäherungsweise als Leitertemperaturen zum Zeitpunkt des Funktionsverlustes die Brandraumtemperaturen anzusetzen, wenn kein besonderer Nachweis erfolgt.“ Bei der Funktionserhaltklasse E30 sind dies 860 °C, bei der Funktionserhaltklasse E90 sind dies 1.000 °C. Die Querschnittsermittlung erfolgt gemäß [27] und der Spannungsfall gemäß [28].

Zum Funktionserhalt einer elektrischen Kabelanlage sind neben den Kabeln und Leitungen auch die Verlegesysteme zu betrachten.

Im Zusammenhang mit Fragestellungen nach der Brandlast wird häufig die Halogenfreiheit der Isolierstoffe verlangt. Durch Einsatz halogenfreier Kabel lässt sich die Bildung von Salzsäure (HCl) im Brandfall vermeiden. Dabei ist nicht nur die korrosive Wirkung der Salzsäure zu bedenken, sondern auch die mögliche Beeinträchtigung von Rettungs- und Löscharbeiten.

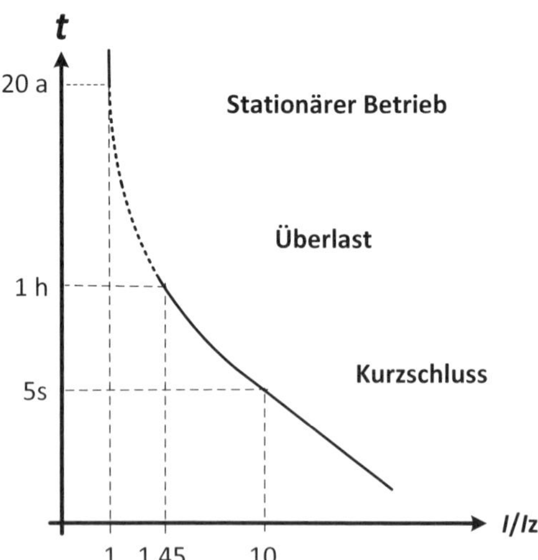

Bild 2.3: Grenzbelastungskennlinie für Kabel

Bild 2.3 zeigt die schematische Darstellung der Grenzbelastungskennlinie eines Kabels. Dabei wird auf der Ordinate die Zeitdauer t und auf der Abszisse das Vielfache des Stroms I bezogen auf die Strombelastbarkeit I_z aufgetragen.

Diese Kennlinie stellt eine Art Lebensdauerkennlinie für den Fall stationärer Belastung dar. Definitionsgemäß ist für Ströme unterhalb der Strombelastbarkeit I_z von einer unbegrenzten Lebensdauer, d. h. im Regelfall von mehr als 20 Jahren, auszugehen.

Bezüglich der Auslegung von Kabeln und Leitungen ist zu beachten, dass die Strombelastbarkeit I_z nicht allein eine Eigenschaft des Kabels darstellt. Der verwendete Leiterwerkstoff, d. h. Kupfer (Cu) oder Aluminium (Al), bestimmt über seinen spezifischen Widerstand wesentlich die erzeugte Verlustleistung und damit auch die abzuführende Wärmemenge je Längeneinheit. Die verwendete Isolation bestimmt die zulässige Grenztemperatur am Leiter.

Der Wärmeübergang an die Umgebung wird durch die Randbedingungen entscheidend beeinflusst. Bild 2.4 soll diesen Zusammenhang veranschaulichen.

Die Verlustleistung P_V innerhalb des Kabels wird bestimmt durch die Gleichung

$$P_V = I^2 \cdot R \tag{2.4}$$

Der Widerstand R kennzeichnet dabei den elektrischen Widerstand des Kabels.

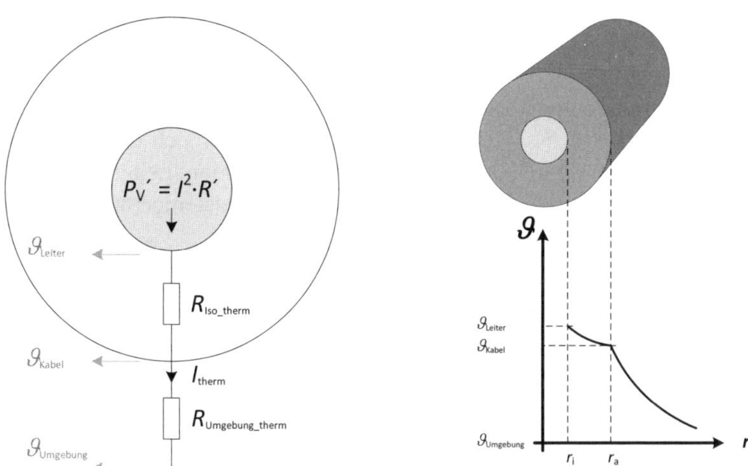

Bild 2.4: Thermisches Ersatzschaltbild und Temperaturprofil eines Kabels

Wird diese Gleichung in längenbezogener Schreibweise dargestellt, so ergibt sich als Verlustleistung pro Längeneinheit, d. h. als längenbezogene Verlustleistung P'_V:

$$P'_V = I^2 \cdot R' \tag{2.5}$$

Anschaulich besagt diese Gleichung, dass je Meter des Kabelstücks eine Verlustleistung von beispielsweise 50 W an die Umgebung abgeführt werden muss. Diese Verlustleistung stellt einen Wärmestrom dar, der in Bild 2.4 mit I_{therm} bezeichnet ist. Der Wärmestrom verursacht an den thermischen Wärmeübergangswiderständen quasi einen thermischen Spannungsfall, der als Temperaturdifferenz erfasst wird.

Der Wärmewiderstand der Kabelisolation ist in Bild 2.4 mit R_{Iso_therm} bezeichnet. $R_{Umgebung\_therm}$ kennzeichnet den Wärmeübergangswiderstand vom Kabel zur Umgebung.

Deutlich wird in dieser Betrachtung, dass die resultierende Kabeltemperatur ϑ_{Kabel} entscheidend durch den Wärmeübergangswiderstand vom Kabel zur Umgebung bestimmt wird. Ein schlechter Wärmeübergang führt zu erhöhten Kabeltemperaturen.

Vergleichbar entwickelt sich die Temperatur am Leiter ϑ_{Leiter}. Die verwendete Kabelisolation bestimmt die zulässige Maximaltemperatur am Leiter. Diese beträgt beispielsweise für den Isolierstoff PVC 70 °C oder für den Isolierstoff XLPE (VPE) 90 °C.

Da die maximale Leitertemperatur somit vorgegeben wird, darf in Abhängigkeit von der Umgebungstemperatur $\vartheta_{Umgebung}$ und vom Wärmeübergangswiderstand $R_{Umgebung\_therm}$ ein maximaler Wärmestrom und damit eine maximale elektrische

Verlustleistung im Kabel nicht überschritten werden, um eine unzulässige Erwärmung des Kabels ausschließen zu können.

Allerdings gilt diese Betrachtungsweise auch in die umgekehrte Richtung: Wird der Wärmeübergangswiderstand $R_{\mathrm{Umgebung\_therm}}$ verringert, reduziert sich der Temperaturanstieg gegenüber der Umgebung, was zu einer reduzierten Leitertemperatur führt. Entsprechendes gilt für eine Reduzierung der Umgebungstemperatur.

Das in Bild 2.4 dargestellte Temperaturprofil spiegelt den Zusammenhang aus Wärmestrom und Wärmeübergangswiderständen anschaulich wider. Der Zusammenhang mit dem ohmschen Gesetz ($U = R \cdot I$) und damit die Analogie zwischen thermischem und elektrischem Strömungsfeld ist unverkennbar.

Wird der Wärmeübergangswiderstand verschlechtert, da z. B. Kabel unerwartet mit weiteren, ebenfalls stark ausgelasteten Kabeln in einer gemeinsamen Kabelwanne verlegt sind, so erhöht sich die Temperatur am Leiter.

Die Strombelastbarkeit des Kabels I_{z} verringert sich unter diesen Umständen. Da der Planer die Strombelastbarkeit jedoch unter Berücksichtigung des Betriebsstroms ausgewählt haben dürfte, kann auf diese Weise der Betriebsstrom die Strombelastbarkeit übersteigen, was entsprechend Bild 2.2 zu einer Reduzierung der Lebensdauer, in extremeren Fällen auch zur Brandentstehung führen kann.

Aus diesen Gründen wird in den einschlägigen VDE-Bestimmungen, z. B. [27], [29], derartigen Einflüssen durch so genannte Reduktionsfaktoren Rechnung getragen. Eine kompakte Darstellung zur Kabelauswahl findet sich auch in [30].

2.2.1 Gefährdung durch Überlast

Die Festlegung der Strombelastbarkeit erfolgt über die Definition einer maximal zulässigen Temperatur am Leiter. Diese Temperatur beträgt 70 °C bei PVC- bzw. 90 °C bei XLPE-Kabeln, stellt jedoch in der Art und Weise ihrer Festlegung bereits eine Vereinfachung dar. Zwar ist beim Überschreiten dieser Grenztemperatur von einer beschleunigten Alterung auszugehen, allerdings setzen diese Alterungsprozesse nicht abrupt beim Überschreiten dieser Grenztemperatur ein.

Wesentliche VDE-Bestimmung für die Auslegung von Kabelanlagen ist in diesem Zusammenhang [27], wobei auch [31] zumindest in Deutschland noch Anwendung findet.

Für die im Weiteren zu betrachtende Dimensionierung des Schutzes ist zu prüfen, ob eine geringfügige Überschreitung in der konkreten Anwendung tatsächlich zu einer unzulässigen Reduzierung der Lebensdauer führt oder unter Berücksichtigung der wirtschaftlichen Planung nicht sogar möglich oder gar geboten ist.

Im Einzelfall kann beispielsweise anhand der Aufstellung gemäß Tabelle 2.3 abgeschätzt werden, ob tatsächlich eine unzulässige Einschränkung der Lebensdauer zu erwarten ist. Grundlage für diese Darstellung bildet die Arrhenius-Funktion. Insbesondere bei Anlagen, welche von vorneherein für eine begrenzte Lebensdauer ausgelegt werden, mag eine derartige Überlegung technisch gerechtfertigt und wirtschaftlich interessant sein.

Tabelle 2.3: Lebensdauer als Funktion der Betriebstemperatur für PVC-Kabel [32]

maximale Betriebstemperatur des Kabels	Lebensdauer
70 °C	30 Jahre
73 °C	20 Jahre
78 °C	10 Jahre
84 °C	5 Jahre
88 °C	3 Jahre
98 °C	1 Jahr

Im Langzeitbereich der Grenzbelastungskennlinie nach Bild 2.3 herrschen stationäre Bedingungen, bei denen erzeugte und abgeführte Wärme sich im Gleichgewicht befinden und die zulässige Grenztemperatur nicht überschritten wird. Mit zunehmender Überlastung des Kabels wird diese Grenztemperatur immer weiter überschritten. Zwar ist qualitativ dieser Zusammenhang einleuchtend, quantitativ ist eine Bestimmung der Lebensdauer – insbesondere im Bereich geringer Überlastungen – allerdings nur näherungsweise möglich.

Eine Berechnung der Betriebstemperatur kann unter Berücksichtigung der zuvor ermittelten Strombelastbarkeit I_z eines Kabels erfolgen. Bei einer nach Norm ermittelten Strombelastbarkeit ist vom Erreichen der maximalen Betriebstemperatur – z. B. 70 °C für ein PVC-Kabel – auszugehen.

Der Betriebsstrom I_b des Kabels wird üblicherweise kleiner, maximal jedoch gleich der Strombelastbarkeit I_z des Kabels sein. Da die Erwärmung proportional zur Verlustleistung und damit zum Quadrat des Stroms erfolgt, lässt sich die zu erwartende Übertemperatur $\Delta\vartheta$ bei stationärer Belastung näherungsweise berechnen zu:

$$\Delta\vartheta = 40\mathrm{K} \cdot \left(\frac{I_b}{I_z}\right)^2 \qquad (2.6)$$

Wird diese Übertemperatur zur Umgebungstemperatur addiert, ergibt sich die Betriebstemperatur des Kabels.

Dieser Rechenweg erscheint unter Berücksichtigung von Zeit- und Kostendruck nur bedingt umsetzbar. Empfehlenswert ist stattdessen die Verwendung softwaregestützter Werkzeuge.

Für eine Zeitdauer von bis zu einer Stunde darf eine Überlastbarkeit des Kabels von bis zu 45 % angesetzt werden.

2.2.2 Gefährdung durch Kurzschluss

Typisch für einen Kurzschluss sind die niedrige Impedanz der Fehlerstelle und der daraus resultierende hohe Kurzschlussstrom.

Dieser hohe Kurzschlussstrom bewirkt eine starke Erwärmung der Betriebsmittel. Vereinfachend wird für diesen Belastungsfall eine adiabate oder auch adiabatische Erwärmung unterstellt, bei welcher die gesamte zugeführte Wärmeenergie im Leiter verbleibt und keine Wärmeabfuhr an die Umgebung erfolgt. Bei einer Kurzschlussdauer von bis zu etwa 5 Sekunden, entsprechend etwa dem 10-fachen Wert der Strombelastbarkeit I_z, ist die Berechtigung für diese Annahme auch unter Bezugnahme auf [16] gegeben.

Während dieser Kurzschlussdauer bewirkt die im Kabel entsprechend Gleichung (2.5) umgesetzte Verlustleistung einen Energieeintrag in das Kabel, der zu einem Temperaturanstieg führt. Bei bekannter Temperatur des Kabels zum Zeitpunkt des Kurzschlusseintritts (Anfangstemperatur), bekannter maximal zulässiger Grenztemperatur des Kabels (Endtemperatur)[4] sowie dem spezifischen Widerstand und der spezifischen Wärmekapazität des Leitermaterials wäre eine Berechnung des maximal zulässigen Energieeintrags und damit der maximal zulässigen Ausschaltzeit für ein Schutzgerät grundsätzlich möglich. Aus praktischer Sicht ist dabei jedoch zu berücksichtigen, dass der Wärmeeintrag über die Verlustleistung bestimmt wird und der Widerstand des Kabels sich mit zunehmender Kurzschlussdauer erhöht.

Aus Gleichung (2.5) folgt für den längenbezogenen Energieeintrag während der Kurzschlussdauer W'_{KS} und die Kurzschlussdauer t_{k} der Zusammenhang

$$W'_{\mathrm{KS}} = \int_0^{t_{\mathrm{k}}} I^2 \cdot R(\vartheta)' \cdot \mathrm{d}t \tag{2.7}$$

Da der Widerstand pro Längeneinheit R' von der Temperatur ϑ abhängig ist, kann Gleichung (2.7) nicht ohne weiteres nach der Kurzschlussdauer t_{k} aufgelöst werden.

Wohl nicht zuletzt aus diesem Grund hat sich in der Praxis die ersatzweise Verwendung des $I^2{\cdot}t$-Werts eingebürgert. Dieser Wert stellt quasi ein Äquivalent zum Ener-

[4] Die zulässige Grenztemperatur soll 160 °C bei weichgelöteten Leiterverbindungen und 200 °C bei verzinnten Leitern nach [27] nicht überschreiten. Als zulässige Endtemperatur gibt [16] für PVC-isolierte Kabel einen Wert von 160 °C für Querschnitte bis zu 300 mm² an.

gieeintrag in das Kabel dar. Wird für den Strom I der thermisch gleichwertige Kurzschlussstrom I_{th} verwendet, so stellt der Term $I_{th}^2 \cdot t$ den Energieeintrag in das Kabel während der Kurzschlussdauer dar.

Kurzschlussströme müssen grundsätzlich in einer Zeit unterbrochen werden, bei der die Isolierung der Leiter nicht die erlaubte Grenztemperatur überschreitet. Für den maximal zulässigen Energieeintrag in das Kabel wird ein Term $k^2 \cdot S^2$ definiert. Dabei stellt k einen Materialkoeffizienten und S den Leiterquerschnitt dar.

Da der Energieeintrag in das Kabel beim Kurzschluss kleiner sein muss als dieser maximal zulässige Grenzwert, ergibt sich daraus die Ungleichung

$$I_{\mathrm{th}}^2 \cdot t_{\mathrm{k}} < k^2 \cdot S^2 \tag{2.8}$$

Für die zulässige Kurzschlussdauer folgt durch Umformung von Gleichung (2.8):

$$t_{\mathrm{k}} < \left(\frac{k \cdot S}{I_{\mathrm{th}}}\right)^2 \tag{2.9}$$

mit

t_k	maximal zulässige Ausschaltzeit in [s]
S	Leiterquerschnitt in [mm^2]
I_{th}	thermisch gleichwertiger Kurzschlussstrom in [A]
k	Materialkoeffizient in [$\mathrm{A}\sqrt{\mathrm{s}}/\mathrm{mm}^2$]

Für den Materialkoeffizienten k gilt entsprechend [16]:

$k = 115\ \mathrm{A}\sqrt{\mathrm{s}}/\mathrm{mm}^2$	für PVC-isolierte Kupferleiter
$k = 115\ \mathrm{A}\sqrt{\mathrm{s}}/\mathrm{mm}^2$	bei Weichlotverbindungen in Kupferleitern
$k = 141\ \mathrm{A}\sqrt{\mathrm{s}}/\mathrm{mm}^2$	für gummiisolierte Kupferleitungen
$k = 76\ \mathrm{A}\sqrt{\mathrm{s}}/\mathrm{mm}^2$	für PVC-isolierte Aluminiumleiter

Weitere Werte für den Materialkoeffizienten k finden sich in [33][5]. Dieses Berechnungsverfahren ist auch als Näherung in [16] eingeführt.

2.3 Motoren

Für Pumpen und Lüfter kommen aus Kostengründen häufig Asynchronmaschinen zur Anwendung. Deren Wirkungsweise beruht darauf, dass bei Anschluss an das Drehstromsystem die drei Ständerwicklungen eine magnetische Durchflutung aufbauen, die sich als eine Grundwelle über den Läufer rotierend ausbildet.

Die Drehzahl dieser Grundwelle ist abhängig von der Polpaarzahl p der Maschine. Eine Polpaarzahl $p = 1$ bedeutet, dass die drei Ständerwicklungen über 360° und

[5] Anhang A

damit über den gesamten Umfang verteilt sind. Eine Polpaarzahl von $p = 2$ bedeutet, dass die drei Wicklungen über 180° verteilt angeordnet sind. Bei Betrieb am Drehstromnetz mit der Netzfrequenz $f = 50$ Hz bedeutet damit die Polpaarzahl $p = 1$, dass das Drehfeld pro Sekunde 50 Mal um die Läuferachse rotiert. Bezogen auf eine Minute ergeben sich 3.000 Umdrehungen. Diese Drehzahl n_0 wird auch als Synchrondrehzahl bezeichnet. Die Polpaarzahl $p = 2$ bewirkt, dass das Drehfeld innerhalb des gleichen Zeitraums nur 1.500 Umdrehungen ausübt. Für die Synchrondrehzahl n_0 gilt allgemein:

$$n_0 = \frac{f}{p} \tag{2.10}$$

Das rotierende Drehfeld bewirkt aufgrund der Lorentz-Kraft Tangentialkräfte im Läufer. Da gemäß der Lenz′schen Regel die induzierten Ströme ihrer Ursache entgegenwirken, läuft der Läufer in Drehfeldrichtung an und verringert damit die Relativdrehzahl zwischen Ständerdrehfeld und Läufer. Die geringere Relativgeschwindigkeit des Drehfelds induziert geringere Ströme im Läufer.

Im theoretischen Grenzfall, in dem der Läufer die Synchrondrehzahl n_0 erreicht, besteht keine Relativbewegung mehr zwischen Ständerdrehfeld und Läufer, sodass auch keine Induktion mehr erfolgt. Da nunmehr auch kein Läuferstrom mehr fließt, wird die treibende Tangentialkraft auf den Läufer zu Null, die für die Läuferbeschleunigung verantwortlich ist. Der rotierende Läufer erfährt also keine Antriebskraft mehr, wird jedoch durch Reibungsverluste gebremst.

Praktisch führt dies dazu, dass der Asynchronmotor die Synchrondrehzahl nicht exakt erreicht, sondern ein wenig unterhalb dieser Drehzahl (asynchron) läuft. Der Unterschied zwischen Synchrondrehzahl n_0 und Motordrehzahl n, bezogen auf die Synchrondrehzahl n_0, wird als Schlupf s bezeichnet. Mit der Kreisfrequenz $\omega_{el} = 2 \cdot \pi \cdot f$ lässt sich der Schlupf s beschreiben durch:

$$s = \frac{\Delta n}{n_0} = \frac{n_0 - n}{n_0} = \frac{\omega_{el} - p \cdot \omega}{\omega_{el}} \tag{2.11}$$

Die Größe des Schlupfs im Nennbetrieb ist stark von der Bemessungsleistung abhängig und variiert in einem Bereich von 0,5...4 % [34]. In der Wirkungsweise bestehen Ähnlichkeiten zum kurzgeschlossenen Transformator. So wirkt bei einem Schlupf von $s = 1$ die Asynchronmaschine wie ein Transformator. Der Schlupf $s = 1$ entspricht dem Stillstand, der Schlupf $s = 0$ entspricht der Synchrondrehzahl.

In [12] wird die formelmäßige Herleitung der Motorkennlinie erläutert. Für einen definierten Parametersatz folgt der Verlauf des Motormoments M und der Stromaufnahme I als Funktion des Schlupfs s dem in Bild 2.5 dargestellten Verlauf.

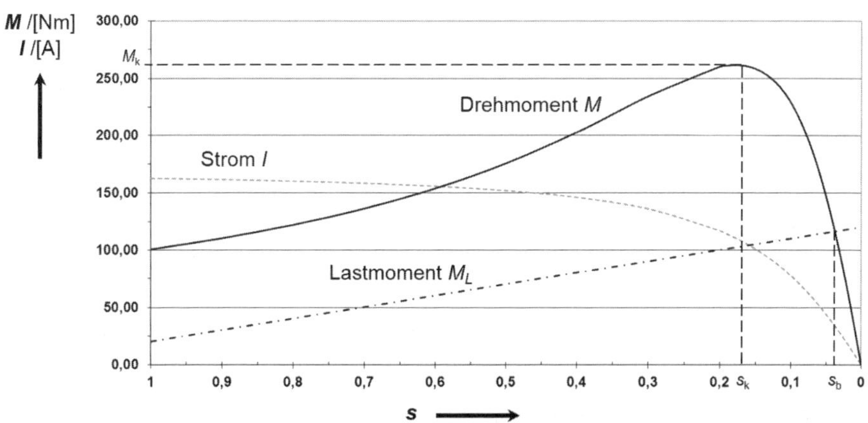

Bild 2.5: Motordrehmoment M Stromaufnahme I und Lastmoment M_L als Funktion des Schlupfs s (Parameter: $X_{1\sigma} = X_{2\sigma} = 1{,}1\ \Omega$, $R_1 = R_2' = 0{,}4\ \Omega$, $k_1 = 0{,}95$, $p = 1$, $U_1 = 400$ V)

Deutlich sichtbar ist, dass das Drehmoment der Maschine beim Anlauf vergleichsweise gering ist und seinen Maximalwert, das Kippmoment M_k, erst bei höherer Drehzahl bzw. beim Kippschlupf s_k, erreicht.

Das Kippmoment beträgt in diesem Beispiel $M_k = 262$ Nm, der Kippschlupf beträgt $s_k = 0{,}17$, entsprechend einer Drehzahl von 2.460 U/min.

Die Stromaufnahme dagegen ist beim Anlauf groß und sinkt mit zunehmender Drehzahl ab.

Wird für dieses Beispiel eine Last mit einem drehzahlabhängig linear zunehmendem Drehmoment M_L unterstellt, so wird der Betriebsschlupf s_b im Schnittpunkt zwischen Motordrehmoment- und Lastmoment-Kennlinie erreicht.

In diesem Beispiel beträgt der Betriebsschlupf $s_b = 0{,}04$, entsprechend einer Drehzahl von 2.910 U/min.

Die Stromaufnahme verändert sich von 162 A zum Zeitpunkt des Motoranlaufs bis zu 34 A beim Erreichen der 2.910 U/min.

Das Verhältnis von Anlauf- zu Betriebsstrom beträgt somit 4,8 (= 162 A / 34 A).

Bild 2.6 zeigt für den Motoranlauf den Verlauf der Drehzahl n sowie der Stromaufnahme I als Funktion der Zeit t. In diesem Beispiel ist der Hochlaufvorgang des Motors nach etwa 9,4 s abgeschlossen.

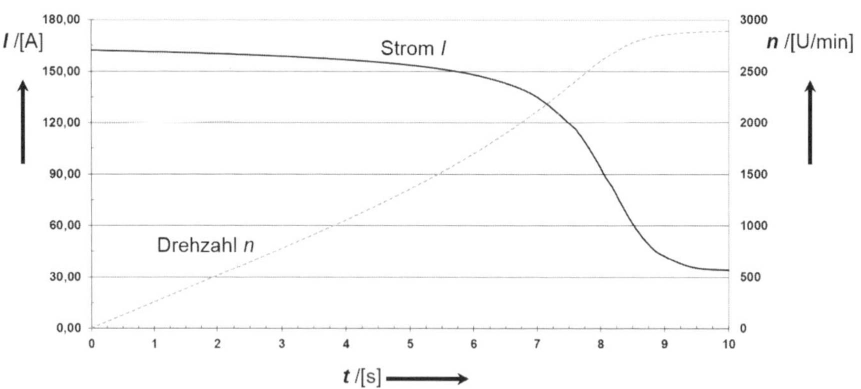

Bild 2.6: Stromaufnahme I und Drehzahl n als Funktion der Zeit t
(Parameter: $X_{1\sigma} = X_{2\sigma} = 1{,}1\ \Omega$, $R_1 = R_2' = 0{,}4\ \Omega$, $k_1 = 0{,}95$, $p = 1$, $U_1 = 400$ V)

2.3.1 Gefährdung durch Überlast

Für den Motor besteht eine wesentliche Gefährdung in der Überhitzung. Da die Verlustleistung sich proportional zum Quadrat des Stroms verändert, stellt der Anlaufvorgang aus thermischer Sicht einen kritischen Betriebszustand dar.

Auf dem Typenschild wird für den Motor üblicherweise das Verhältnis von Anlaufstrom I_A zu Nennstrom I_n angegeben, das in praktischen Anwendungen üblicherweise im Bereich von 4…8 zu erwarten ist.

Bei blockiertem Läufer wäre also gegenüber dem Nennstrom von einem um den Faktor 4 bis 8 erhöhten Stromfluss auszugehen, welcher die Verlustleistung um einen Faktor von 16 bis 64 gegenüber der Verlustleistung im Nennbetrieb ansteigen ließe. Dieser stark erhöhten Verlustleistung ist der Motor nur kurzzeitig gewachsen. Der Motorhersteller gibt deshalb eine maximale Zeitdauer vor, innerhalb derer dieser erhöhte Anlaufstrom vom Motor geführt werden kann.

Darüber hinaus muss jedoch auch während des Normalbetriebs sichergestellt sein, dass die zulässige Dauerbetriebstemperatur des Motors nicht überschritten wird.

Motoren werden meist mit 10 % bis 20 % unterhalb ihres Nenndrehmoments betrieben [35]. Eine weitere Unterschreitung des Nenndrehmoments führt jedoch zu einer Veränderung des Leistungsfaktors cos φ, was unter dem Aspekt der Netzrückwirkungen unerwünscht sein kann.

Eine Überschreitung der Dauerbetriebstemperatur gefährdet die Isolation und damit die Lebensdauer des Motors. In diesem Zusammenhang sind auch die Beanspruchungen durch Oberschwingungen zu berücksichtigen [36]. Maßgeblich für die zulässige Dauertemperatur sind die Isolation der Wicklung und deren Isolierstoffklasse. So erlaubt eine Isolierstoffklasse E eine höchstzulässige Dauertemperatur von 120 °C, eine Isolierstoffklasse H dagegen von 180 °C. Allgemein wird bei Einhaltung der höchstzulässigen Dauertemperatur eine Lebensdauer von 100.000 Stunden unterstellt, die sich bei einer Überschreitung der höchstzulässigen Dauertemperatur um 10 K halbiert [37].

Die Einhaltung der zulässigen Temperaturen kann einerseits durch in den Stator eingebaute Temperaturfühler überwacht werden, möglich ist jedoch auch die Strommessung in der Zuleitung. In Niederspannungsmotoren werden häufig sogenannte Thermistorfühler eingesetzt, die ihren Widerstand beim Überschreiten einer Bemessungsansprechtemperatur sprungartig erhöhen, was über ein Auslösegerät erfasst und als Signal zur Meldung oder Ausschaltung verwendet werden kann.

Die Strommessung als Möglichkeit zur Temperaturüberwachung setzt dabei voraus, dass der Temperaturanstieg innerhalb des Motors als Funktion des Motorstroms hinreichend bekannt ist.

In [38] werden in diesem Zusammenhang Auslöseklassen definiert, welche unter festgelegten Bedingungen die Auslösezeiten von Überlastrelais beschreiben. Damit der Schutz von Normmotoren gesichert ist, werden darin Grenzwerte für Strom und Beanspruchungsdauer festgelegt. Für eine Auslöseklasse 10 ist ein Ansprechen des Überlastschutzes in einem Zeitbereich von 4…10 s, für eine Auslöseklasse 30 in einem Zeitbereich von 9…30 s erforderlich, jeweils bei einem bis zu 7,2-fachen Nennstrom.

Für den Überlastschutz des Motors wären damit Einstellwerte erforderlich, welche sich an diesen vorgenannten Grenzwerten orientieren.

Im Dauerbetrieb sollten die zulässigen Ströme nur geringfügig den Nennstrom I_n übersteigen, d. h. ein Wert von $1{,}05 \cdot I_n$ kann hier eine geeignete Einstellung sein. Für den Kurzzeitbetrieb wäre darauf zu achten, dass innerhalb eines definierten Zeitbereichs, abhängig von der Auslöseklasse, Überströme betriebsbedingt auftreten können und nicht zum Ansprechen des Schutzes führen dürfen.

2.3.2 Gefährdung durch Kurzschluss

Übersteigt die Stromaufnahme des Motors deutlich den Anlaufstrom, so ist dies ein Indiz für einen Kurzschluss, der unverzögert ausgeschaltet werden muss.

Wird für das Verhältnis aus Anlaufstrom I_A zu Nennstrom I_n ein Bereich von 4…8 zugrunde gelegt, so ist während der Anlaufphase ein Vielfaches von beispielsweise $15 \cdot I_n$ ein Indiz für einen Kurzschluss.

Da die Verlustleistung proportional zum Quadrat des Stroms ansteigt, bedeutet ein 15-facher Nennstrom, dass die Verlustleistung im Motor um den Faktor 225 gegenüber dem Normalbetrieb ansteigt. Da der Motor dieser hohen thermischen Belastung nur kurzzeitig zu widerstehen vermag, ist eine schnelle Ausschaltung erforderlich.

2.4 Kondensatoren

Kondensatoren werden zur Bereitstellung der kapazitiven Blindleistung eingesetzt. Zu diesem Zweck werden Kondensatoren in einzelnen Kompensationsmodulen zusammengeschaltet.

Die Kapazitäten, die zwischen jeweils zwei Phasen eines Dreiphasenkondensators entweder in Dreieck- oder Sternschaltung gemessen werden, werden mit C_a, C_b und C_c bezeichnet. Die Blindleistung einer Kompensation Q_C berechnet sich nach [39] zu:

$$Q_c = \frac{2}{3} \cdot (C_a + C_b + C_c) \cdot \omega \cdot U_n^2 \qquad (2.12)$$

Eine einzelne Kompensationsstufe liefert typischerweise eine Leistung von 50 kvar. Sind die Kapazitäten in Dreieck geschaltet, lässt sich die Kapazität je Stufe eines derartigen Kompensationsmoduls berechnen zu:

$$C_\Delta = \frac{Q_C}{3 \cdot U_\Delta^2 \cdot 2\pi f} = \frac{50\ \text{kvar}}{3 \cdot (400\ \text{V})^2 \cdot 2\pi \cdot 50\ \text{Hz}} = 331{,}57\ \mu\text{F} \qquad (2.13)$$

mit
- Q_C kapazitive Blindleistung der Kompensationsstufe
- U_Δ verkettete Spannung
- f Netzfrequenz

Für die Nennstromaufnahme I_{Cn} des Kompensationsmoduls mit der Kompensationsleistung Q_C gilt bei Betrieb an der Nennspannung U_n:

$$I_{Cn} = \frac{Q_C}{\sqrt{3} \cdot U_n} \qquad (2.14)$$

Zu beachten ist, dass die Kapazität eine frequenzabhängige Impedanz darstellt. Mit zunehmender Frequenz sinkt deren Impedanz. Im Netz vorhandene Oberschwingungen werden auf diese Weise kurzgeschlossen.

Dieser Effekt scheint zwar zunächst nebensächlich, ist aber mit einer Erhöhung der Strombelastung der Kompensation und damit mit einer zusätzlichen Erwärmung verbunden. Diese Erwärmung kann im praktischen Betrieb zur vorzeitigen Alterung führen. Zur Vermeidung kann beispielsweise eine geeignet dimensionierte Induktivität der Kompensation vorgeschaltet werden. Die auf diese Weise ausgeführte Kompensation wird als *verdrosselt* bezeichnet.

In Ausschreibungen oder Leistungsverzeichnissen wird in diesem Zusammenhang der Verdrosselungsgrad p angegeben. Für diesen gilt nach [40]:

$$p = \frac{X_L}{X_C} = \omega^2 \cdot L \cdot C \tag{2.15}$$

mit

- X_C kapazitive Blindleistung der Kompensationsstufe
- X_L verkettete Spannung
- ω Kreisfrequenz (= $2 \cdot \pi \cdot f$)
- f Netzfrequenz

Für die Berechnung von Kompensationsanlagen sei auf die einschlägige Fachliteratur verwiesen, z. B. [40], [41].

2.4.1 Gefährdung durch Überlast

Eine Überlastsituation scheint für Kondensatoren aufgrund ihres Funktionsprinzips zunächst abwegig. Durch vorhandene Oberschwingungen der Spannung kann sich die Stromaufnahme des Kondensators jedoch über den Nennstrom des Kondensators hinaus erhöhen.

Nach [42] müssen deshalb Kondensatoren eine Stromtragfähigkeit von 130 % des Nennstroms I_{Cn} aufweisen. Kompensationsanlagen müssen für Leistungen bis 100 kvar zusätzlich eine Toleranz von +10 % aufweisen, oberhalb dieser Grenze eine Toleranz von +5 %.

Für eine Kompensationsanlage gilt für die maximale Stromaufnahme I_{Cmax} deshalb die Gleichung (2.16):

$$I_{Cmax} = 1{,}3 \cdot 1{,}1 \cdot \frac{Q_C}{\sqrt{3} \cdot U_n} = 1{,}43 \cdot I_{Cn} \tag{2.16}$$

mit

- Q_C kapazitive Blindleistung der Kompensationsstufe
- U_n Nennspannung
- I_{Cmax} maximale betriebsmäßige Stromaufnahme der Kompensationsstufe
- I_{cn} Nennstrom der Kompensationsstufe

Ströme, welche die Grenze entsprechend Gleichung (2.16) übersteigen, sind als Überströme anzusehen.

2.4.2 Gefährdung durch Kurzschluss

Beim Zuschalten der Kompensationsstufe ist zu beachten, dass hier hochfrequente Einschaltströme für eine Dauer von bis zu 3 ms auftreten können, deren Scheitelwert vom 25- bis zum 200-fachen Nennstrom reichen kann [41].

Die verwendeten Schaltgeräte, beispielsweise die Schütze, müssen dieser Beanspruchung gewachsen sein, dürfen aber nicht bereits bei dieser Beanspruchung auslösen.

Ein entstandener Kurzschluss lässt einen Strom fließen, dessen Amplitude die maximale betriebsmäßige Stromaufnahme der Kompensationsstufe übersteigt. Insoweit bedarf es bezüglich eines Überstroms keiner Unterscheidung zwischen einer Überlast- und einer Kurzschlussbelastung.

3 Personenschutz

Grundlage der Maßnahmen zum Schutz gegen elektrischen Schlag bildet die [VDE 0100][6]. Eine umfassende Darstellung zum Thema findet sich in [43].

Der elektrische Schlag stellt einen sog. pathophysiologischen Effekt dar, ausgelöst von einem elektrischen Strom, der den menschlichen Körper oder den Körper eines Tiers durchfließt. Die Gefährdung ist abhängig von der Stromstärke und der Dauer der Strombelastung. Die als kritisch anzusehenden Zeit-Stromstärke-Bereiche und ihre Auswirkungen finden sich in [VDE 0140].

Ohne auf diese Bereiche an dieser Stelle im Detail einzugehen, kann eine Körperdurchströmung von 50 mA über die Zeitdauer von 1 s bereits tödlich enden, wobei die konkrete Gefährdung auch vom Verlauf der Strombahn durch den Körper abhängt. Dabei steigt mit zunehmender Stromdichte in Herznähe die Gefahr des Herzkammerflimmerns.

Bild 3.1 veranschaulicht die grundsätzliche Gefährdung. Dabei werden in Anlehnung an [44] den Extremitäten Impedanzwerte zugeordnet unter Vernachlässigung der Rumpfimpedanz. Die Höhe des konkret vorliegenden Übergangswiderstands hängt von unterschiedlichen Einflussgrößen ab. Bei ungünstigen Randbedingungen sind jedoch bei der Berührung spannungsführender Leiter Übergangswiderstände im Bereich von 1 kΩ möglich, was bei einer Spannung von 230 V zu einer lebensbedrohenden Körperdurchströmung von etwa 230 mA führen würde.

Innerhalb der [VDE 0100] beschreibt Teil 410 die grundlegenden Schutzanforderungen und Teil 470 die Anwendung und Koordination dieser Anforderungen.

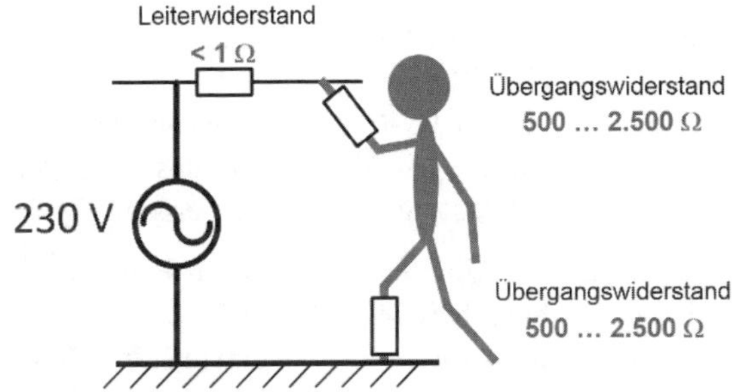

Bild 3.1: Veranschaulichung der Körperimpedanzen

[6] Teil 410

Anstelle einer ausführlichen Erörterung sollen nachfolgend lediglich zwei für die elektrischen Anlagen besonders hervorzuhebende Einzelmaßnahmen betrachtet werden:

- *Potentialausgleich:* In jedem Gebäude müssen der Hauptschutzleiter, der Haupterdungsleiter, die Haupterdungsschiene und metallene Rohrleitungen, Metallteile der Gebäudekonstruktion und der Heizungs- und Klimaanlagen sowie metallene Verstärkungen von Gebäudekonstruktionen zu einem Hauptpotentialausgleich verbunden werden.

  Werden die Bedingungen für das automatische Abschalten in der Anlage nicht erfüllt, muss ein örtlicher Potentialausgleich angewendet werden. In den zusätzlichen Potentialausgleich sind alle gleichzeitig berührbaren Körper fest angebrachter Betriebsmittel und alle gleichzeitig berührbaren fremden leitfähigen Teile einzubeziehen.

- *Schutz durch automatische Abschaltung der Stromversorgung:* Die automatische Abschaltung der Stromversorgung ist gefordert, wenn bei einem Fehler infolge der Größe und Dauer der Einwirkspannung von einem gefährlichen physiologischen Effekt bei einer betroffenen Person auszugehen ist. Dies erfordert eine Koordination der Art der Erdverbindung und der Eigenschaften von Schutzleitern und Schutzeinrichtungen.

  Die metallischen Gehäuse der Betriebsmittel müssen unter den für das einzelne System festgelegten Bedingungen an einen Schutzleiter angeschlossen werden.

3.1 Personenschutz im TN-Netz

In TN-Netzen ist die Verwendung von Überstrom-Schutzeinrichtungen und RCD-Schutzeinrichtungen anerkannt. Dabei darf eine RCD nicht in TN-C-Netzen angewendet werden. Außerdem darf bei Verwendung in TN-C-S-Systemen auf der Lastseite der RCD kein PEN-Leiter verwendet werden. Die Verbindung des Schutzleiters mit dem PEN-Leiter muss auf der Versorgungsseite hergestellt werden [17].

Der Schutz durch Abschaltung beruht auf der Überlegung, dass ein Fehlerstrom nicht über das Erdreich, sondern über den Schutz- bzw. PEN-Leiter fließt. Aufgrund der niedrigen Impedanz des Leiters wird so ein Körperschluss zu einem Kurzschluss [43] mit vergleichsweise großen Fehlerströmen, so dass zumeist Schutzeinrichtungen wie Leistungsschalter, Leitungsschutzschalter oder Sicherungen den Personenschutz sicherstellen. Bild 3.2 zeigt den Verlauf des Fehlerstroms innerhalb eines TN-C-S-Netzes bei einem derartigen Körperschluss, d. h. einer fehlerhaften Verbindung zwischen Leiter und Gehäuse.

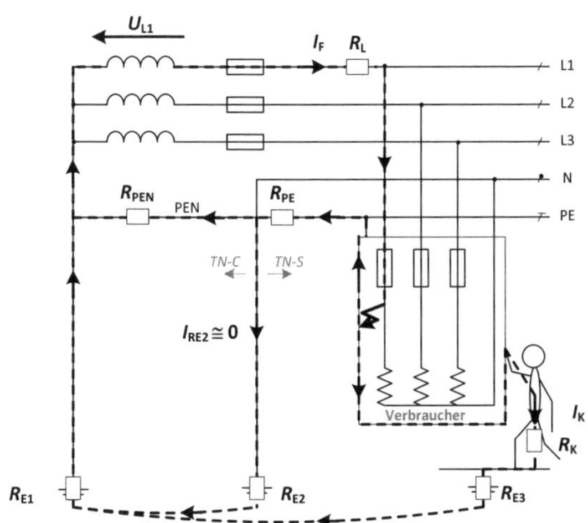

Bild 3.2: Fehlerstrom in einem TN-C-S-Netz

In diesem Netz würde der Fehlerstrom durch die Spannung U_{L1} getrieben. Der Erdungswiderstand R_{E2} der Haupterdungsschiene liegt für den Fehlerstrom in Reihe mit dem Erdungswiderstand des Transformators R_{E1}. Da die Summe beider Widerstände sehr groß ist im Vergleich zum Widerstand des PEN-Leiters, kann der Stromfluss I_{RE2} gegenüber dem Stromfluss durch den PEN-Leiter vernachlässigt werden.

Der Widerstand R_L des spannungsführenden Leiters bis zur Fehlerstelle kann näherungsweise als identisch zur Reihenschaltung aus R_{PEN} und R_{PE} angenommen werden.

$$R_{PEN} + R_{PE} = R_L \tag{3.1}$$

Für die Bestimmung des Körperstroms I_K entsteht auf diese Weise das folgende Ersatzschaltbild entsprechend Bild 3.3.

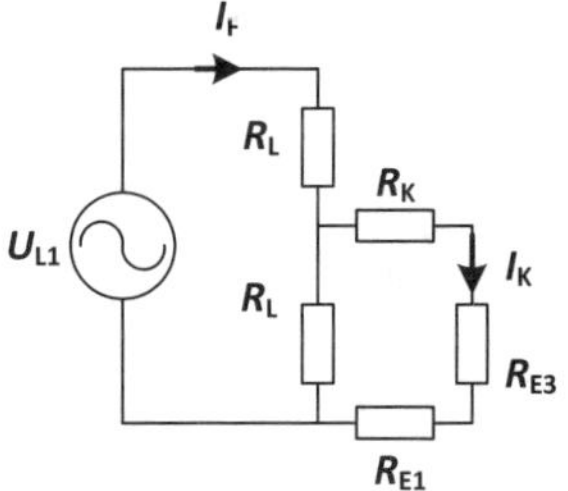

Bild 3.3: Ersatzschaltbild zur Bestimmung des Körperstroms I_K im TN-Netz

Dabei stellt R_{E3} den Standorterdungswiderstand einer Person dar.

Da die Widerstände R_L als Leiterwiderstände üblicherweise sehr gering sind, der Körperwiderstand R_K dagegen Werte von selten weniger als 1 kΩ aufweist, fließt im Vergleich zum Fehlerstrom I_F in der Regel nur ein geringer Körperstrom I_K. Während der Kurzschlussdauer ist eine Person bei Berührung des fehlerhaften Geräts deshalb näherungsweise der halben Leiter-Erde-Spannung U_{L1} ausgesetzt, in einem typischen Gebäude also einer Berührungsspannung von $U_T = 115$ V.

Da der Fehlerstrom I_F in diesem Fall stark ansteigt, fließt der Körperstrom nur sehr kurzzeitig, d. h. bis zur erfolgten Abschaltung der Stromversorgung.

Die Betrachtung der Impedanzverhältnisse unter Berücksichtigung von Bild 3.2 und Bild 3.3 zeigt, dass der Erdungswiderstand des speisenden Transformators R_{E1} sowie der Erdungswiderstand am Standort der gefährdeten Person R_{E3} ebenso wie der Erdungswiderstand der Erdungsanlage des Gebäudes R_{E2} für die Wirksamkeit der Schutzmaßnahme unerheblich ist.

3.2 Personenschutz im TT-Netz

Im TT-Netz wird ein Körperschluss nicht mehr zum Kurzschluss, sondern zum Erdschluss. Der Fehlerstrom I_F ist somit meist geringer als bei einem vergleichbaren Fehler im TN-Netz.

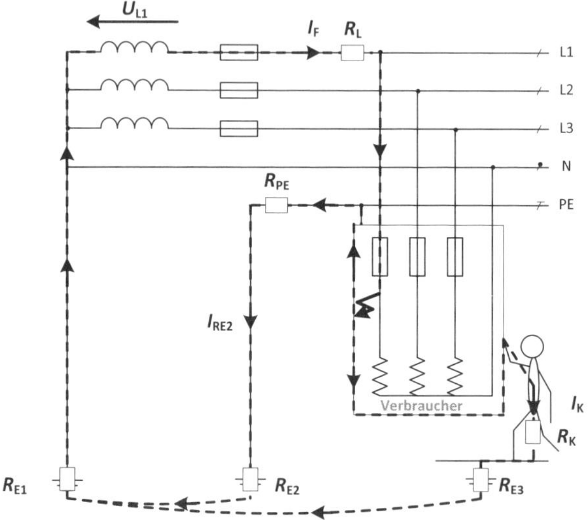

Bild 3.4: Fehlerstrom in einem TT-Netz

Bild 3.4 zeigt den Verlauf des Fehlerstroms innerhalb eines TT-Netzes bei einem derartigen Körperschluss, d. h. einer fehlerhaften Verbindung zwischen Leiter und Gehäuse.

In diesem Netz würde der Fehlerstrom durch die Spannung U_{L1} getrieben. Der Erdungswiderstand R_{E2} der Haupterdungsschiene liegt in Reihe mit dem Widerstand des Schutzleiters R_{PE}. Da der Schutzleiterwiderstand üblicherweise wesentlich geringer ist als der Erdungswiderstand, kann R_{PE} gegenüber R_{E2} vernachlässigt werden. Somit gilt:

$$R_{PE} + R_{E2} \cong R_{E2} \tag{3.2}$$

Für die Bestimmung des Körperstroms I_K entsteht auf diese Weise das folgende Ersatzschaltbild entsprechend Bild 3.5.

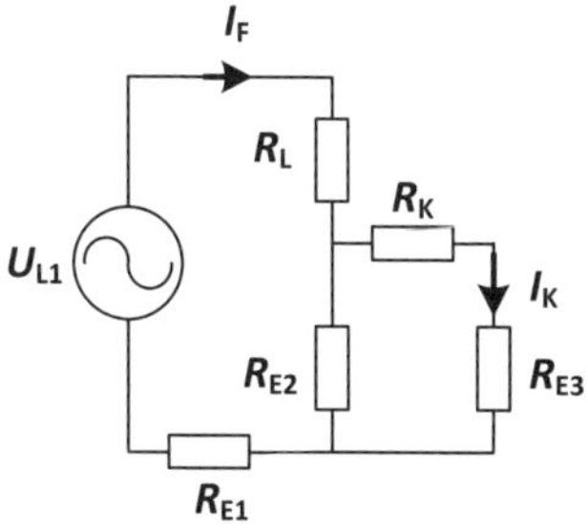

Bild 3.5: Ersatzschaltbild zur Bestimmung des Körperstroms I_K im TT-Netz

Da die Erdungswiderstände R_{E1}, R_{E2} und R_{E3} mindestens eine Größenordnung über dem Leiterwiderstand R_L anzusetzen sind und der gesamte Fehlerstrom über diese Erdungswiderstände zurückfließt, sind die Fehlerströme deutlich geringer als im TN-Netz. Ob der auftretende Fehlerstrom unter diesen Bedingungen ausreichend schnell zur Abschaltung der Stromversorgung führt, ist deshalb unsicher. Aus diesem Grund ist der Einsatz einer Fehlstrom-Schutzeinrichtung (RCD) erforderlich, um eine Abschaltung bereits bei geringeren Fehlerströmen zu erzielen.

Da die Leiterwiderstände R_L üblicherweise sehr niedrig sind und auch der Erdungswiderstand R_{E3} gegenüber dem Körperwiderstand R_K gering ist, hängt die Berührungsspannung U_T im Wesentlichen vom Verhältnis der Widerstände R_{E1} und R_{E2} ab. Unter ungünstigen Bedingungen, d. h. $R_{E1} << R_{E2}$, fällt nahezu die gesamte Spannung am Körperwiderstand R_K ab. Während der Dauer des Körperschlusses ist eine Person bei Berührung des fehlerhaften Geräts deshalb näherungsweise der Leiter-Erde-Spannung U_{L1} ausgesetzt, in einem typischen Gebäude also einer Spannung von 230 V. Diese Problematik wird kompakt zusammengefasst in [45].

3.3 Personenschutz im IT-Netz

Im IT-Netz wird ein Körperschluss zum Erdschluss. Da die Stromquelle gegenüber Erde isoliert ausgeführt ist, ergibt sich der Fehlerstrom I_F entsprechend Bild 3.6.

In diesem Netz würde der Fehlerstrom durch die Spannung U_{L1} getrieben. Der Erdungswiderstand R_{E1} der Haupterdungsschiene liegt für den Fehlerstrom in Reihe mit dem Erdungswiderstand des Schutzleiters R_{PE}. Parallel dazu liegt der Körperwiderstand R_K in Reihe mit dem Standorterdungswiderstand R_{PE2}. Die Parallelschaltung dieser beiden Zweige liegt in Reihe zum Leiterwiderstand R_L. Die (dünn ausgezogenen) Kapazitäten C_{E1}, C_{E2} und C_{E3} berücksichtigen unvermeidliche, parasitäre Kapazitäten zwischen den Phasen und der Erde.

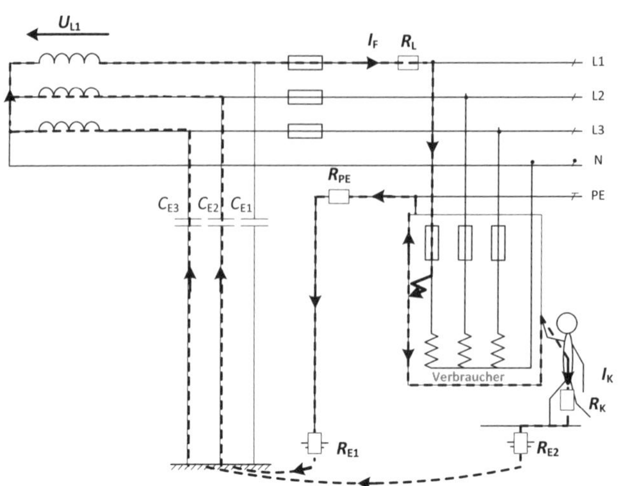

Bild 3.6: Fehlerstrom in einem IT-Netz

Werden die Wirkungen der einzelnen parasitären Kapazitäten zusammengefasst zu einer Kapazität C_E, so entsteht das Ersatzschaltbild entsprechend Bild 3.7. Für den Blindwiderstand X_E dieser Kapazität gilt:

$$X_E = \frac{1}{2\pi f \cdot C_E} \tag{3.3}$$

Die parasitären Kapazitäten C_E sind sehr gering und erreichen in Anlagen der Niederspannungstechnik meist nur wenige Nanofarad (nF). Folgerichtig ist der resultierende kapazitive Blindwiderstand X_E sehr groß. Der Fehlerstrom I_F, der durch die Leiter-Erde-Spannung getrieben wird, ist deshalb sehr gering und erreicht in üblichen Anwendungen nur wenige Milliampere (mA).

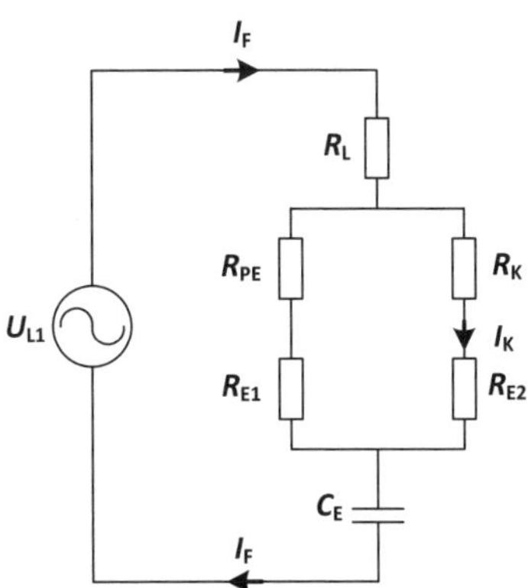

Bild 3.7: Ersatzschaltbild zur Bestimmung des Körperstroms I_K im IT-Netz

In diesem Zusammenhang wird der Vorteil des IT-Netzes sichtbar. Bei *einem* Fehler gegen Erde fließen sehr geringe Fehlerströme, die nicht eine sofortige Abschaltung der Stromversorgung erfordern. Auf diese Weise kann die Energieversorgung aufrechterhalten werden. Damit dieser Fehler überhaupt erkannt wird, ist eine – in Bild 3.6 nicht eingezeichnete – Überwachung der Impedanz zwischen den spannungsführenden Leitern und der Erde erforderlich. Unterschreitet diese Impedanz einen unteren Grenzwert, wird eine Warnmeldung gegeben, um den Fehler identifizieren und nachfolgend abschalten zu können.

Die geringen Fehlerströme während des anstehenden Fehlers stehen einem Schutz durch Abschalten der Stromversorgung entgegen.

Kommt es währenddessen zu einem weiteren Körperschluss mit Beteiligung einer anderen Phase, so entsteht ein Kurzschluss, der eine sofortige Abschaltung der Stromversorgung erfordert.

Aufgrund des großen Blindwiderstands X_E fällt fast die gesamte Spannung an dieser Impedanz ab. Bei einem einzelnen Fehler tritt daher nahezu keine Berührungsspannung U_T auf. Erst bei einem weiteren Fehler unter Beteiligung einer anderen Phase können hohe Fehlerströme fließen. In diesem Fall muss dann die Abschaltung im selben Zeitraum wie innerhalb eines TN-Systems erfolgen.

3.4 Berührungsspannung und Abschaltzeit

Die entstehenden Berührungsspannungen führen zu einer Durchströmung des Körpers. Die Höhe der entstehenden Berührungsspannung ist abhängig von der Netzform.

Im TN-System ist von einer Berührungsspannung in Höhe der halben Leiter-Erde-Spannung, d. h. 115 V, auszugehen. Ein Körperwiderstand von 1.000 Ω würde so zu einem Stromfluss durch den Körper von 115 mA führen.

Bei dieser Stromstärke besteht bereits nach einer Zeit von weniger als 0,5 s die Gefahr des Herzkammerflimmerns. Auf Grundlage dieser Überlegungen ist in [17] eine maximal zulässige Stromflussdauer von 0,4 s festgelegt.

Der Schutz durch Abschaltung erfordert deshalb eine Abschaltung in weniger als 0,4 s.

Bei höherer Betriebsspannung erhöht sich der Stromfluss durch den Körper. Entsprechend muss die Abschaltung nach kürzerer Zeit erfolgen, um das Herzkammerflimmern zu unterbinden.

Die auftretende Berührungsspannung U_T bestimmt somit die maximale Abschaltzeit. Für TN- und TT-Systeme werden in [17] die maximalen Abschaltzeiten für Wechselspannungen entsprechend Tabelle 3.1 festgelegt. U_L beschreibt die Leiter-Erde-Spannung.

Tabelle 3.1: Maximal zulässige Abschaltzeiten im TN- und TT-System

System	50 V < $U_L \leq$ 120 V	120 V < $U_L \leq$ 230 V	230 V < $U_L \leq$ 400 V	U_L > 400 V
TN	0,8 s	0,4 s	0,2 s	0,1 s
TT	0,3 s	0,2 s	0,07 s	0,04 s

Diese maximalen Abschaltzeiten entsprechend Tabelle 3.1 gelten für Endstromkreise. Längere Abschaltzeiten von bis zu 5 s sind in TN-Systemen für Verteilstromkreise zulässig.

Die Abschaltzeiten werden durch die den Fehlerstrom treibende Spannung, aber auch durch die Impedanzen des Fehlerstromkreises bestimmt.

Im Zusammenhang mit dem Personenschutz wird von einem geringen Fehlerstrom ausgegangen. Auch dieser Fehlerstrom soll noch zuverlässig unterbrochen werden. Folgende Bedingungen sind bei der Berechnung zu berücksichtigen [15]:

- Für die Berechnung des kleinsten Kurzschlussstroms I_{kmin} ist der Spannungsfaktor c_{min} zu verwenden, der in der Niederspannungsebene zu 0,95 und in der Mittel- bzw. Hochspannungsebene zu 1,00 anzusetzen ist.
- Es sind diejenigen Schaltzustände zu wählen, die zu den geringsten Werten des Kurzschlussstroms führen.
- Der Beitrag der Rückspeisung von Motoren im Kurzschlussfall ist zu vernachlässigen.

- Die Widerstände von Kabeln und Leitungen sind zu berücksichtigen gemäß der Gleichung:

$$R_{\mathrm{L}} = [1 + \alpha(\vartheta_{\mathrm{e}} - 20°\mathrm{C})] \cdot R_{\mathrm{L20}} \tag{3.4}$$

mit

R_{L20} Leiterwiderstand bei einer Temperatur von 20 °C
ϑ_{e} Leitertemperatur in °C am Ende der Kurzschlussdauer
α Temperaturkoeffizient 0,004 K^{-1}

Insbesondere die letzte Bedingung führt in der Praxis zu Problemen. Die Leitertemperatur am Ende der Kurzschlussdauer zu berechnen ist für praktische Anwendungen kaum möglich. Vereinfachend wurde deshalb früher für die Berechnung eine Leitertemperatur von 80 °C zugrunde gelegt.

Wird stattdessen jedoch die maximal zulässige Leiterendtemperatur von 160 °C für Querschnitte von weniger als 300 mm^2 verwendet, so würde der Leiterwiderstand deutlich erhöht, was zu noch geringeren Kurzschlussströmen führen würde.

So ergibt sich für den Ausdruck innerhalb der Klammer von Gleichung (3.4) ein Wert von 1,24 für eine angenommene Leitertemperatur von ϑ_{e} = 80 °C. Dieselbe Betrachtung liefert jedoch bereits einen Wert von 1,56 für eine angenommene Leitertemperatur von ϑ_{e} = 160 °C. Bei Berücksichtigung eines derartigen Widerstandsanstiegs wird der Schutz durch Abschaltung häufig nicht mehr realisierbar sein.

Da jedoch Übergangswiderstände oder Einflüsse durch den Lichtbogen auch in dieser Näherung noch vernachlässigt würden, stellt sich die Frage nach einer angemessenen Wahl des Werts der Leitertemperatur erneut. In der Literatur wird daher auch die Meinung vertreten, dass die Berechnung bei einer Leitertemperatur von 80 °C einen vertretbaren Kompromiss darstellt [46], [47].

Mit den auf diese Weise berücksichtigten erhöhten Leiterwiderständen liefert die folgende Gleichung einen vereinfachten Berechnungsansatz für den minimalen Kurzschlussstrom [48]:

$$I_{\mathrm{kmin}} = \frac{\sqrt{3} \cdot c_{\mathrm{min}} \cdot U_{\mathrm{n}}}{3 \cdot \sqrt{(2l \cdot R_{\mathrm{L}}' + R_{\mathrm{V}})^2 + (2l \cdot X_{\mathrm{L}}' + X_{\mathrm{V}})^2}} \tag{3.5}$$

mit

l Leitungslänge (halbe Schleifenlänge)
R_{L}' Widerstandsbelag der Leitung
X_{L}' Reaktanzbelag der Leitung
R_{V}' Widerstandsbelag des vorgelagerten Netzes
X_{V}' Reaktanzbelag des vorgelagerten Netzes

Der kleinste für das Ausschalten innerhalb der Grenzwerte nach Tabelle 3.1 erforderliche Kurzschlussstrom begrenzt die Länge der Leitung bzw. des Kabels auf l_{max}. Ist dieser Strom bekannt, kann auch durch Umstellung von Gleichung (3.5) für einen definierten Leitungsquerschnitt die maximal zulässige Leitungslänge bestimmt werden.

Der Lösungsweg zur Überprüfung der Abschaltbedingung lautet:

1. Schleifenimpedanz bestimmen,
2. minimalen Fehlerstrom I_{kmin} unter Berücksichtigung der Netzimpedanz bestimmen,
3. Abschaltstrom I_a entsprechend des verwendeten Schaltgeräts bestimmen, für den eine Auslösung innerhalb der vorgegebenen Grenzwerte erfolgt,
4. Einhaltung der Bedingung $I_{kmin} > I_a$ überprüfen.

Übersteigt der berechnete minimale Fehlerstrom I_{kmin} den Wert des Abschaltstroms I_a, so wird der Fehlerstrom vor Ablauf der zulässigen Zeitdauer zur Auslösung des Schaltgeräts führen. Der Schutz bei indirektem Berühren ist damit gegeben.

Ist diese Bedingung nicht erfüllt, so ist der Schutz durch Abschaltung der Stromversorgung nicht gegeben. In diesem Fall kann beispielsweise durch Einsatz eines RCD der gewünschte Schutz bei indirektem Berühren erreicht werden.

4 Schaltgeräte und ihre Eigenschaften

Schaltgeräte sind sowohl unter Steuerungs- als auch unter Sicherheitsaspekten für die Energieverteilung von besonderer Bedeutung. Im Normalbetrieb ermöglichen sie durch Ein- bzw. Ausschaltung die Steuerung des Lastflusses, im Fehlerfall erlauben sie die Abschaltung hoher Fehlerströme und sichern damit den Weiterbetrieb der vom Fehler nicht betroffenen Netzbereiche.

Nachfolgend sollen die grundsätzlichen Anwendungsbereiche und Eigenschaften der einzelnen Schaltgeräte vergleichend gegenübergestellt werden. Dabei werden die Bereiche der möglichen Betriebsströme und der Überströme betrachtet.

Die Auswahl von Schaltgeräten erfolgt fast immer unter den Aspekten Schutz und Selektivität. Diese Themen werden in den beiden folgenden Kapiteln behandelt.

4.1 Leistungsschalter

Leistungsschalter sind in [49] definiert. Sie müssen unter betriebsmäßigen Bedingungen Ströme einschalten, führen und ausschalten können. Außerdem müssen sie unter Überlast- und Kurzschlussbedingungen nach definierten Strom/Zeit-Kennlinien auslösen. Leistungsschalter werden bei Anwendungen mit geringer Schalthäufigkeit eingesetzt. Leistungsschalter ohne Überstromauslöser werden als Lasttrennschalter bezeichnet.

Grundsätzliche Einteilungskriterien von Niederspannungs-Leistungsschaltern sind die Bauart (offen oder kompakt) und das Löschprinzip (nicht-strombegrenzend oder strombegrenzend). Die Bezeichnungen „offen“ oder „kompakt“ sind bei den heute üblichen Bauweisen überholt. So zeichnen sich auch offene Leistungsschalter durch eine kompakte Bauweise aus. Herstellerunabhängig werden stattdessen auch die Bezeichnungen ACB (Air Circuit Breaker) bzw. MCCB (Molded Case Circuit Breaker) verwendet.

Bild 4.1 zeigt einen offenen Leistungsschalter und einen Kompaktleistungsschalter.

Offene Leistungsschalter sind überwiegend in metallischer Umhüllung und im Vergleich zu Kompaktleistungsschaltern großvolumiger gebaut. Die Bemessungsströme reichen von 630 A bis hin zu 6.300 A, das Kurzschlussausschaltvermögen kann bis zu 150 kA betragen.

Kompaktleistungsschalter bestehen aus einem Isolierstoffgehäuse, das die Bauteile des Schalters umschließt. Die Bemessungsströme reichen von 160 A bis hin zu 3.200 A, das Kurzschlussausschaltvermögen kann bis zu 150 kA betragen.

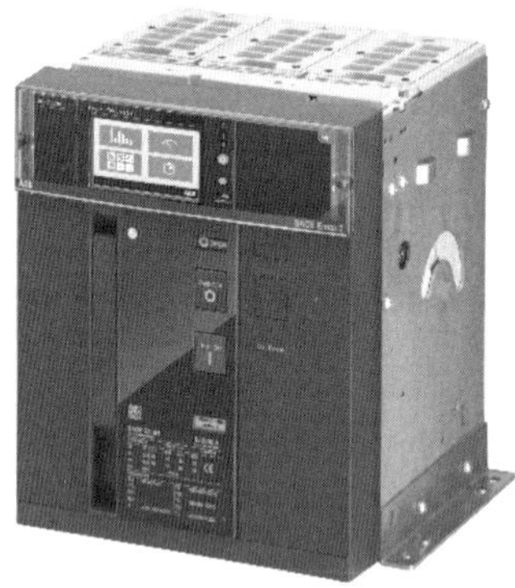
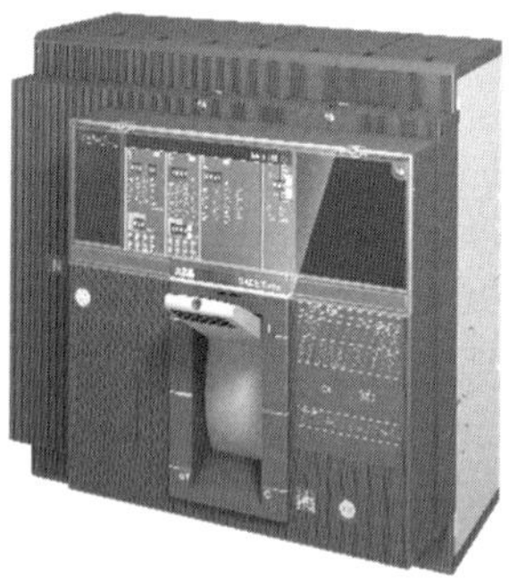

Bild 4.1: Offener Leistungsschalter (links) und Kompaktleistungsschalter (rechts) (Bilder: ABB)

Beim Kurzschlussausschaltvermögen wird nach [49] zwischen dem Bemessungs-Grenzkurzschlussausschaltvermögen I_{cu} und dem Bemessungs-Betriebskurzschlussausschaltvermögen I_{cs} unterschieden. Diese beiden Werte sind abhängig von der Betriebsspannung und stellen Effektivwerte dar. Für die Schaltfolge bei diesen Strömen gilt:

- I_{cu} $\quad$ O – t – CO
- I_{cs} $\quad$ O – t – CO – t – CO

Dabei bedeutet:

O Ausschaltung
CO Einschaltung, gefolgt von einer Ausschaltung
t Zeitspanne zwischen zwei aufeinander folgenden Kurzschluss-Schaltungen

Das **Bemessungsgrenzkurzschlussausschaltvermögen I_{cu}** bezeichnet das Grenzkurzschlussausschaltvermögen bei der zugeordneten Bemessungsbetriebsspannung unter definierten Prüfbedingungen, die *„eine Aus-Schaltung und eine Ein/Aus-Schaltung beinhalten*“. Das Grenzkurzschlussausschaltvermögen ist das *„Ausschaltvermögen, bei dem die festgelegten Bedingungen der Prüffolge* ***nicht*** *die Fähigkeit des Leistungsschalters einschließen, seinen Betriebsstrom dauerhaft zu führen*“ [49].

Das **Bemessungsbetriebskurzschlussausschaltvermögen I_{cs}** bezeichnet das Betriebskurzschlussausschaltvermögen bei der zugeordneten Bemessungsbetriebsspannung unter definierten Prüfbedingungen, die *„eine Aus-Schaltung und zwei Ein/Aus-Schaltungen beinhalten*“. Das Betriebskurzschlussausschaltvermögen ist das *„Ausschaltvermögen, bei dem die festgelegten Bedingungen der Prüffolge die Fähigkeit des Leistungsschalters einschließen, seinen Betriebsstrom dauerhaft zu führen.*“ Hervorhebenswert ist, dass nach dieser Schalthandlung der Bemessungsdauerstrom I_u dauerhaft geführt werden kann.

Aus Anwendersicht wesentlich ist die Feststellung, dass nach Beanspruchung mit dem I_{cs} der Leistungsschalter noch die Fähigkeit zum dauerhaften Führen des Betriebsstroms besitzt, nach Beanspruchung mit dem I_{cu} diese Fähigkeit jedoch nicht mehr gefordert wird. Das Bemessungsbetriebskurzschlussausschaltvermögen I_{cs} stellt somit eine härtere Anforderung an den Leistungsschalter als das Bemessungsgrenzausschaltvermögen I_{cu}. Bezogen auf die in den Katalogen für Leistungsschalter angegebenen Werte ist daher die folgende (Un-)gleichung erfüllt:

$$I_{cu} \geq I_{cs} \tag{4.1}$$

Aufgrund der schärferen Beanspruchung deutet eine eventuelle Gleichheit beider Werte darauf hin, dass der Wert des I_{cu} nicht besonders geprüft wurde.

Sowohl der I_{cu} als auch der I_{cs} sind in Abhängigkeit von der Bemessungsbetriebsspannung zu sehen.

Offene Leistungsschalter löschen den Schaltlichtbogen im natürlichen Wechselstrom-Nulldurchgang. Die Strombahnen sind so ausgebildet, dass sie thermisch den vollen Kurzschlussstrom führen können. Alle nachgeschalteten Anlagenteile werden ebenfalls thermisch und dynamisch mit einem nicht begrenzten Stoßkurzschlussstrom belastet.

Die Strombahnen von Kompaktleistungsschaltern sind thermisch nicht für den vollen Kurzschlussstrom ausgelegt. Um trotzdem ähnlich hohe Werte für das Kurzschlussausschaltvermögen zu erhalten, erfolgt die Ausschaltung strombegrenzend.

Strombegrenzende Leistungsschalter begrenzen vor Erreichen des Scheitelwerts der ersten Halbwelle den Kurzschlussstrom. Die Begrenzung des Scheitelwerts verringert die dynamische ebenso wie die thermische Belastung der nachgeschalteten Anlage erheblich.

Bild 4.2 zeigt das Ersatzschaltbild eines Stromkreises unter Kurzschlussbedingungen. Die treibende Spannung U_0 treibt den Kurzschlussstrom I_k durch das Schaltgerät.

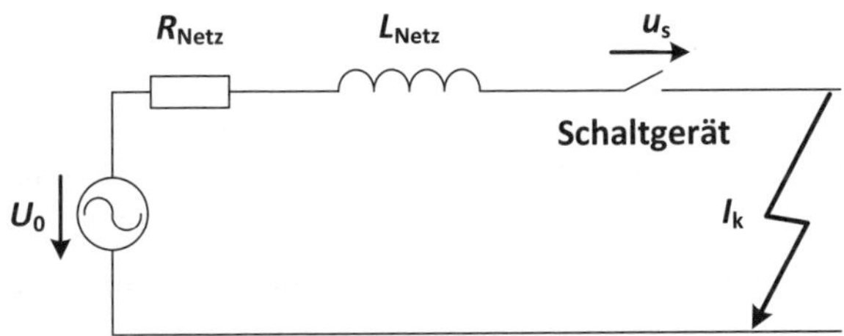

Bild 4.2: Ersatzschaltbild eines Netzes im Kurzschlussfall

Die Impedanz des vorgelagerten Netzes wird durch R_{Netz} und L_{Netz} berücksichtigt.

Die Strombegrenzung wird durch die Höhe der Spannung u_s über dem Schaltgerät verursacht. Nach Öffnung der Schaltkontakte entsteht über dem Schaltgerät eine Spannung u_s, die der treibenden Spannung u_0 entgegengesetzt ist. Infolgedessen reduziert sich der Scheitelwert des tatsächlich fließenden Stroms. Anstelle des prospektiven, d. h. des zu erwartenden Stroms $i_{\text{k pr}}$ fließt ein geringerer Kurzschlussstrom i_k. Die Amplitude der über dem Schaltgerät entstehenden Spannung u_s wirkt der treibenden Spannung u_0 entgegen. Deshalb wird eine geringere Amplitude des Kurzschlussstroms erreicht, in Bild 4.3 mit $\hat{\imath}_d$ bezeichnet. Dieser Effekt wird als Strombegrenzung bezeichnet. Je geringer dieser Durchlassstrom ausfällt, desto geringer ist die dynamische Beanspruchung der nachfolgenden Betriebsmittel.

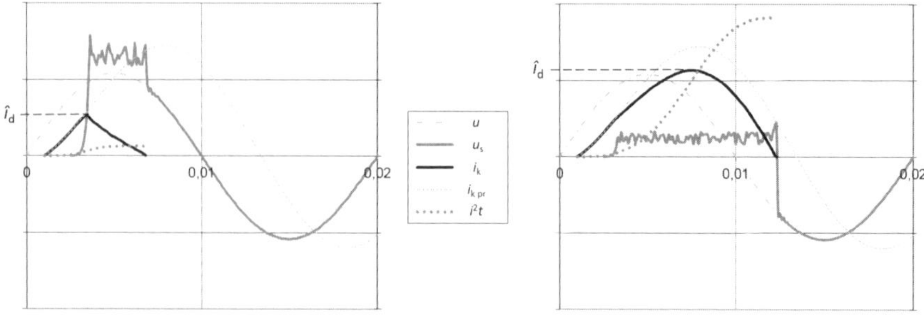

Bild 4.3: Ausschaltung mit Strombegrenzung (links) und ohne Strombegrenzung (rechts)

Bei einer höheren Gegenspannung, d. h. einem höheren Spannungsfall über dem Schaltgerät u_s wird der Kurzschlussstrom vorzeitig zu Null. Die Fähigkeit zur Strombegrenzung wirkt sich erst bei höheren Stromstärken aus. Insbesondere hohe Kurzschlussströme werden auf diese Weise deutlich begrenzt.

Der Energieumsatz im Schaltgerät wäre eigentlich über das Integral der Verlustleistung zu bestimmen. Da der Widerstand jedoch nicht konstant ist, sondern während des Schaltvorgangs deutlich ansteigt, hat sich in der Praxis durchgesetzt, diesen Widerstand unberücksichtigt zu lassen. Anstelle der Einheit J (Joule) für den Energieumsatz wird daher ersatzweise das Produkt $i^2 \cdot t$ mit der Einheit A^2s verwendet.

Einen weiteren Vorteil zeigt der $i^2 \cdot t$-Verlauf bei der Verwendung eines strombegrenzenden Schaltgeräts. Der Energieumsatz ist bei der strombegrenzenden Ausschaltung deutlich reduziert gegenüber einer Ausschaltung ohne Strombegrenzung.

Strombegrenzende Leistungsschalter führen somit zur Reduzierung sowohl der dynamischen als auch der thermischen Beanspruchung.

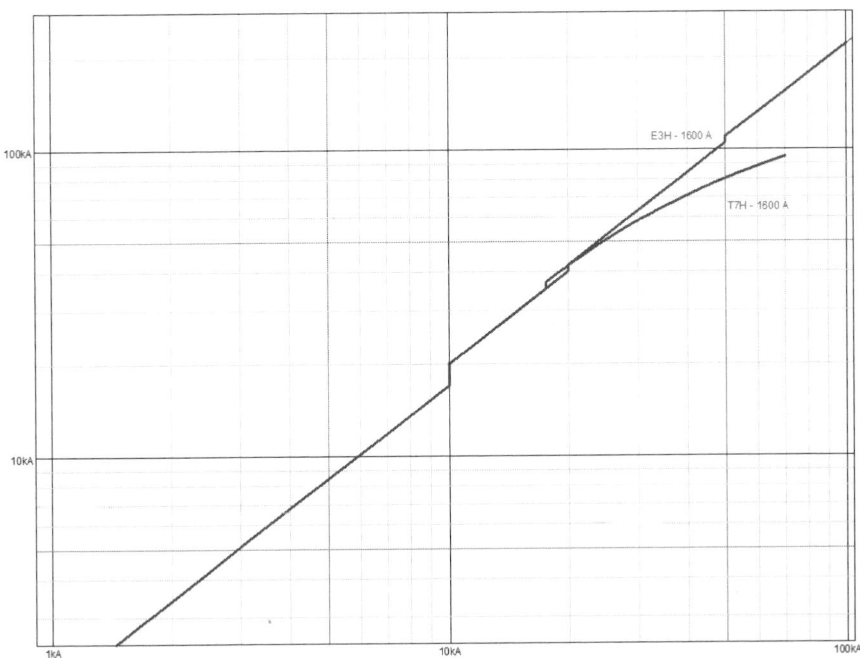

Bild 4.4: Durchlassstrom bei offenem Leistungsschalter (E3H) und Kompaktleistungsschalter (T7H)

Bild 4.4 zeigt für zwei verschiedene Schaltgeräte, einen offenen Leistungsschalter des Typs E3H (Hersteller: ABB) mit einem Bemessungsdauerstrom von I_u = 1.600 A sowie einen Kompaktleistungsschalter des Typs T7H (Hersteller: ABB) mit einem Bemessungsdauerstrom von I_u = 1.600 A den Durchlassstrom als Funktion des Kurzschlussstroms. Die Parametrierung der Auslöser beider Schaltgeräte stimmt weitestgehend überein.

Dargestellt sind auf der Ordinate die Amplitude des prospektiven Stroms $\hat{i}_p$ und auf der Abszisse der Anfangskurzschlusswechselstrom I_k''.

Der offene Leistungsschalter folgt dem Verhältnis zwischen $\hat{i}_p$ und I_k'' für den unbeeinflussten Abschaltvorgang bei einem definierten Leistungsfaktor cos φ. Bis zu einem Kurzschlussstrom von 17 kA verläuft die Strombegrenzung des Kompaktleistungsschalters identisch. Bei einem Kurzschlussstrom von 17 kA beträgt die Amplitude des Durchlassstroms ca. 34 kA. Bei einem Kurzschlussstrom von 60 kA begrenzt der Kompaktleistungsschalter den Durchlassstrom auf ca. 88 kA, der offene Leistungsschalter lässt hingegen einen Scheitelwert von ca. 132 kA zu.

Da die dynamische Beanspruchung proportional zum Quadrat des Stroms ist, bedeutet diese Begrenzung, dass eine nachgeordnete Schaltanlage bei Verwendung eines Kompaktleistungsschalters nur mit etwa 45 % der Kraft beansprucht wird.

Dem Vorteil der Strombegrenzung stehen jedoch mögliche Einschränkungen hinsichtlich einer geforderten Selektivität entgegen. So erfordert die Strombegrenzung tendenziell eine schnelle Kontaktöffnung, was zu Lasten der Selektivität gehen kann.

Dieser Sachverhalt wird durch die Gebrauchskategorie beschrieben [49]:

- *Gebrauchskategorie A* umfasst diejenigen Leistungsschalter, die nicht besonders für Selektivität unter Kurzschlussbedingungen gegenüber anderen auf der Lastseite in Reihe liegenden Kurzschlussschutzeinrichtungen ausgelegt sind, d. h. ohne beabsichtigte Kurzzeitverzögerung für Selektivität unter Kurzschlussbedingungen und daher ohne Bemessungs-Kurzzeitstromfestigkeit I_{cw}.
- *Gebrauchskategorie B* umfasst diejenigen Leistungsschalter, die besonders für Selektivität unter Kurzschlussbedingungen gegenüber anderen auf der Lastseite in Reihe liegenden Kurzschlussschutzeinrichtungen ausgelegt sind, d. h. mit beabsichtigter Kurzzeitverzögerung (die einstellbar sein kann) für Selektivität unter Kurzschlussbedingungen. Solche Leistungsschalter haben eine Bemessungs-Kurzzeitstromfestigkeit I_{cw}.

Ein weiteres Unterscheidungsmerkmal ist die Ausführung als Festeinbau, Einsatz- oder Einschubtechnik.

Für die verwendeten Auslöser wird unterschieden zwischen thermomagnetischen (bzw. magnetischen) Auslösern und elektronischen Auslösern.

Die Auswahl und Einstellung des Auslösers hängt im Wesentlichen von den Schutzanforderungen und den Anforderungen bezüglich der Selektivität ab. Dabei kann das Auslöserelais durchaus kleinere Nennstromwerte als der Hauptstromkreis des Schalters aufweisen.

Ein **thermomagnetischer Auslöser** eignet sich gut, einfache Schutzfunktionen auszuüben. Eine Überlast erwärmt den Bimetallstreifen, der sich deformiert und bei ausreichend langer Erwärmung eine Klinke im Schaltschloss auslöst. Die Auslösegrenze ist durch die Einstellung am Skalenkopf wählbar. Eine Veränderung der Einstellung verändert den Weg, den der deformierte Bimetallstreifen zurücklegen muss, um eine Auslösung zu bewirken. Ist das Schaltschloss ausgelöst, werden die Hauptkontakte geöffnet und der Strom wird unterbrochen. Der thermomagnetische Auslöser hat ein Bimetall-Element mit einem im Bereich von $0{,}7...1{,}0 \cdot I_n$ einstellbaren Wert.

Ergänzt wird dieser Mechanismus zur thermischen Auslösung durch einen magnetischen Auslöser, bei dem die Hauptstrombahn derart geführt wird, dass bei hohen Überströmen (z. B. beim Kurzschluss) eine magnetische Kraft auf den Anker wirkt, der das Schaltschloss sehr schnell auslöst.[7] Der Übergang von der thermischen zur magnetischen Auslösung liegt je nach Anwendung üblicherweise zwischen 2,5...10·I_n. Wird ausschließlich der magnetische Auslöser verwendet, d. h. auf eine Überlastfunktionalität verzichtet, wird dies als **magnetischer Auslöser** bezeichnet.

Die (thermische) Überlastfunktion darf innerhalb einer Zeitdauer von 2 h nicht zur Auslösung führen für Ströme, die weniger als 5 % über dem Einstellstrom liegen, und muss auslösen bei Strömen, die mehr als 30 % über dem Einstellstrom liegen.

Unterschieden wird bei thermomagnetischen Auslösern außerdem zwischen „kalten“ und „heißen“ Schaltbedingungen. Dabei bedeutet die Formulierung „kalt“, dass vor dem Auftreten des Überlastfalls kein Strom durch den Auslöser floss und „heiß“, dass der Schalter seine normale Betriebstemperatur erreicht hat. Da der „kalte“ Auslöser noch über eine thermische Reserve verfügt, führt dies zu längeren Ausschaltzeiten.

Ein **elektronischer Auslöser** verwendet einen Mikroprozessor, in dem eine Auslösecharakteristik hinterlegt ist, die bedarfsgerecht auf den konkreten Anwendungsfall hin einstellbar ist. Moderne Auslöser integrieren außerdem über die Realisierung bloßer Schutzfunktionen hinausgehend zahlreiche Überwachungs- und Diagnosefunktionen bis hin zu Kommunikations- und Datenübertragungsfunktionalität.[8]

Die wichtigsten Leistungsmerkmale, die diese Auslöser unterscheiden, werden gekennzeichnet durch Buchstaben:

- L Langzeitverzögerung (long time delay)
- S Kurzzeitverzögerung (short time delay)
- I unverzögerte Auslösung (instantaneous) mit einstellbaren Stromschwellen
- G Erdfehlerschutz (ground fault protection)

---

[7] Dieser sogenannte magnetische Auslöser kann noch derart modifiziert werden, dass der Anker direkt auf die Hauptkontakte wirkt. Dadurch wird die Trägheit der Auslösemechanik umgangen, was für die Konstruktion besonders schnell öffnender (strombegrenzender) Leistungsschalter erforderlich ist.

[8] Neben unmittelbaren Schutzfunktionen können z. B. der Oberschwingungsgehalt oder ein gerichteter Kurzschlussschutz realisiert werden. Schutzfunktionen gegen Phasenunsymmetrie, gegen Übertemperatur, Unterspannung, Überspannung, Unter- und Überfrequenz sowie die Überwachung der Phasenfolge ermöglichen die Umsetzung anspruchsvoller Schutz-, Überwachungs- und Diagnoseanforderungen.

Der Überlastschutz (L) bietet eine stromabhängige Langzeitverzögerung. Der Auslösestrom I_1 ist einstellbar in den Grenzen von $I_1 = 0{,}4...1{,}0 \cdot I_n$. Zusätzlich ist die Zeit t_1 für den Strom $3 \cdot I_1$ variabel im Bereich von $t_1 = 3...144$ s.[9]

Die kurzzeitverzögerte Auslösung (S) kann auf zwei verschiedene Auslösekennlinien eingestellt werden: So kann eine von der Stromstärke unabhängige Auslösung ($t = k$) oder eine konstante spezifische Durchlassenergie ($t = k/I^2$) eingestellt werden. Der Auslösestrom I_2 ist einstellbar in den Grenzen von $I_2 = 1{,}0...10 \cdot I_n$. Zusätzlich ist die Zeit t_2 für den Strom $I > I_2$ variabel im Bereich von $t_2 = 0{,}05...0{,}8$ s.

Der unverzögerte (ausschaltbare) Kurzschlussschutz (I) verfügt über Einstellwerte für den Auslösestrom I_3 von $I_3 = 1{,}5...15 \cdot I_n$.

Der (ausschaltbare) Erdschlussschutz (G) verfügt über eine stromabhängige Kurzzeitverzögerung. Wie bei der Schutzfunktion S kann eine vom Strom unabhängige Auslösung eingestellt werden ($t = k$) oder eine konstante spezifische Durchlassenergie ($t = k/I^2$) eingestellt werden.

Der Auslösestrom I_4 ist einstellbar in den Grenzen von $I_4 = 0{,}2...1{,}0 \cdot I_n$. Zusätzlich ist die Zeit t_4 für den Strom $I = 4 \cdot I_4$ variabel im Bereich von $t_1 = 0{,}1...0{,}8$ s.

Die Verwendung eines elektronischen Auslösers ist insbesondere bei komplexen Schutzanforderungen in Verbindung mit geforderter Selektivität empfehlenswert.

Ergänzend sind weitere für die Auswahl eines Leistungsschalters relevante Kriterien zu berücksichtigen:

Die **Bemessungsfrequenz** f ist ein Parameter, auf den das Schaltverhalten hin optimiert wurde. Im Regelfall sind Wechselspannungsschaltgeräte für eine Frequenz von $f = 50$ Hz auch bei 60 Hz verwendbar.

Die **Bemessungsbetriebsspannung** U_e muss auf die Bemessungsspannung U_r der Anlage abgestimmt sein. Allgemein muss die (Un-)Gleichung (4.2) erfüllt sein:

$$U_e \geq U_r \qquad (4.2)$$

Die **Bemessungsisolationsspannung** U_i definiert den Spannungswert, auf den sich die dielektrischen Prüfungen und die Kriechstrecken beziehen. Im Normalbetrieb darf die Spannung nicht über diesen Wert hinaus ansteigen. Ein typischer Wert für die Bemessungsisolationsspannung ist $U_i = 1.000$ V. Für Schaltgeräte, die keine Bemessungsisolationsspannung U_i ausweisen, ist ersatzweise der höchste Wert der Bemessungsbetriebsspannung U_e zu verwenden.

[9] Die Zeit t_1 bezieht sich üblicherweise auf Ströme, die als Vielfaches von I_1 angegeben werden. Je nach Hersteller bzw. verwendetem Auslöser können jedoch auch andere Stromstärken (z. B. $6 \cdot I_1$) verwendet werden.

Die **Bemessungsstoßspannungsfestigkeit U_{imp}** stellt den Scheitelwert einer genormten Stoßspannung dar, dem das Schaltgerät üblicherweise ohne Ausfall gewachsen ist. Die Amplitude dieser im Test nachzuweisenden Stoßspannung wird von der vorherigen Zuordnung zu einer Überspannungskategorie abhängig gemacht. Diese Kategorien werden mit den Ziffern „I" bis „IV" bezeichnet und reichen von speziell geschützten Einsatzbereichen mit vermeintlich geringen auftretenden Stoßspannungen bis hin zur Einspeisung, an der mit vergleichsweise hohen Überspannungen zu rechnen ist. Die Stoßspannungen, mit denen das Schaltgerät bei einer Bemessungsbetriebsspannung von $U_e = 1.000$ V geprüft wird, reichen von 4 kV bei der Überspannungskategorie I über 6 kV und 8 kV bis hin zu 12 kV bei der Überspannungskategorie IV.

Der **Bemessungsdauerstrom I_u** ist der Strom, der vom Betriebsmittel zeitlich unbegrenzt geführt werden kann. Nachdem in der Lastflussberechnung der Betriebsstrom I_b für die einzelnen Zweige im Netzwerk bestimmt wurde, kann nun die Auswahl entsprechend der (Un-)Gleichung (4.3) vorgenommen werden:

$$I_u \geq I_b \tag{4.3}$$

Für das bereits zuvor beschriebene **Bemessungsgrenzkurzschlussausschaltvermögen I_{cu}** bzw. das **Bemessungsbetriebskurzschlussausschaltvermögen I_{cs}** ist zu fordern, dass diese den Anfangskurzschlusswechselstrom I_k'' übersteigen. Es gilt:

$$I_{cu} \geq I_k'' \tag{4.4a}$$

$$I_{cs} \geq I_k'' \tag{4.4b}$$

Der **Bemessungskurzzeitstrom I_{cw}** bezeichnet den Effektivwert der Wechselstromkomponente des unbeeinflussten Kurzschlussstroms, den der Schalter im geschlossenen Zustand eine definierte Zeit führen kann. Typische Zeiträume sind 1 s bzw. 3 s, Spitzenwerte von bis zu 100 kA über die Zeitdauer von 1 s können erreicht werden. Diese Fähigkeit, einen großen Kurzzeitstrom über einen derart langen Zeitraum führen zu können, ist für eine zeitgestaffelte Selektivität wichtig, um elektrisch nachgeordneten Schaltgeräten Zeit zu geben, den Fehlerstrom zu unterbrechen.

Das **Bemessungskurzschlusseinschaltvermögen I_{cm}** bezeichnet das Kurzschlusseinschaltvermögen bei Bemessungsbetriebsspannung, -frequenz und festgelegtem Leistungsfaktor bei Wechselspannung. Es wird durch den größten Scheitelwert des unbeeinflussten Stroms ausgedrückt. Bei Wechselspannung darf das Bemessungskurzschlusseinschaltvermögen eines Leistungsschalters nicht kleiner sein als das Bemessungsgrenzkurzschlussausschaltvermögen, multipliziert mit einem definierten Faktor. Praktisch wird der I_{cm} mit dem größten Scheitelwert des Kurzschlussstroms i_p verglichen, wobei gilt:

$$I_{cm} \geq i_p'' \tag{4.5}$$

Zunehmende Bedeutung erlangt die Kommunikationsfähigkeit, die unter dem Begriff „ABB Ability Energy and Asset Manager“ nicht nur die Visualisierung von Messwerten und Alarmmeldungen ermöglicht, sondern auch eine vorbeugende Instandhaltung inklusive Berichtserstellung bereithält. Die Fernüberwachung sowie die Analyse der Performance von Anlagen sind weitere innovative Produktmerkmale. Dies erleichtert die Erfüllung von Anforderungen der DIN EN ISO 50001 zum Energiemanagement und bietet darüber hinaus Optionen zur Integration in übergeordnete Prozessleitsysteme.

4.2 Lasttrennschalter und Lastschalter

Lasttrennschalter sind von den entsprechenden Leistungsschaltern abgeleitet und weisen die gleichen Abmessungen, Ausführungen, Befestigungssysteme und Möglichkeiten der Zubehörausstattung auf. Diese Ausführung unterscheidet sich von den Leistungsschaltern nur durch das Fehlen der Schutzauslöser, Fehlerstromauslöser können jedoch montierbar sein. Ein Lasttrennschalter muss einspeiseseitig durch eine koordinierte Einrichtung gegen Kurzschluss geschützt werden.

Das Einschaltvermögen I_{cm} ist ein wichtiges Leistungsmerkmal, da ein Lasttrennschalter in der Lage sein muss, die dynamischen, thermischen und Strombelastungen, zu denen es während des Einschaltens kommen kann, bis hin zu den Einschaltbedingungen unter Kurzschluss unbeschadet auszuhalten.

Nach [50] kann ein Lastschalter die Funktionen des betriebsmäßigen Ein- und Ausschaltens zu übernehmen. Ein Trennschalter genügt in der offenen Stellung den für die Trennfunktion festgelegten Anforderungen. Ein Lasttrennschalter verbindet die Funktionen des Ein- und Ausschaltens mit der Bereitstellung der für die Trennfunktion spezifizierten Anforderungen.

Wird der Kurzschlussschutz durch eine in das Gerät integrierte Sicherung gewährleistet, so entsteht beispielsweise ein Lastschalter mit Sicherungen oder ein Sicherungslastschalter, falls der Sicherungseinsatz den sich bewegenden Kontakt bildet.

4.3 Sicherungen

Unabhängig davon, ob ein Lastschalter mit Sicherungen oder ein Sicherungslastschalter verwendet wird, bestimmt im Fehlerfall die Sicherung das Auslöseverhalten. Anstelle einzelner Unterkapitel für diese Gerätegruppen wird deshalb an dieser Stelle das Verhalten von Sicherungen betrachtet.

In der Installationstechnik sind verschiedene Bauformen im Einsatz. Die D-Sicherung, auch als DIAZED-Sicherung bezeichnet, ist heute noch verbreitet. Die D-Sicherung sowie die später entwickelte D0- bzw. NEOZED-Sicherung sind für Laien bedienbar, d. h. ein Sicherungswechsel ist ohne Freischaltung des Sockels zulässig. Die Laienbedienbarkeit ist auf Nennströme von bis zu 63 A begrenzt, was in der Praxis jedoch keine wesentliche Einschränkung darstellt. Oberhalb von 63 A kommen vorwiegend NH-Sicherungen zum Einsatz.

Die Schmelzzeit-Strom-Kennlinie bezeichnet die Zeitdauer, die ein definierter Strom benötigt, um den Schmelzleiter zum Aufschmelzen zu bringen und wird auch als Charakteristik der Sicherung bezeichnet. Im Bereich langer Schmelzzeiten wird der Kennlinienverlauf überwiegend durch die Wärmeableitungsbedingungen innerhalb der Sicherung bestimmt. Kurze Schmelzzeiten führen zu näherungsweise adiabaten Vorgängen innerhalb der Sicherung und werden durch das I^2t-Integral abgebildet.

Anwenderspezifisch ist von Interesse, welche Ströme beliebig lange geführt werden können und welche Ströme bei ausreichend langer Beanspruchung zum Auslösen der Sicherung führen. Praktisch wird die Zeitdauer von 1...4 h verwendet, wobei die längeren Prüfdauern mit zunehmendem Bemessungsstrom angewendet werden. Die Bezeichnung dieser Ströme erfolgt mit dem kleinen Prüfstrom I_{nf}[10] bzw. dem großen Prüfstrom I_{f}[11]. In Abhängigkeit vom Nennstrom I_{n} ist I_{nf} auf $1{,}3...1{,}9 \cdot I_{\mathrm{n}}$ und I_{f} auf $1{,}6...2{,}1 \cdot I_{\mathrm{n}}$ festgelegt. Mit Rücksicht auf Fertigungstoleranzen beträgt $I_{\mathrm{f}} / I_{\mathrm{nf}} \approx 1{,}25$.

Das Ansprechverhalten im Betrieb hängt i. W. von folgenden Faktoren ab:

- Material des Schmelzleiters,
- Verwendung von Wirkstoffen (M-Effekt),
- geometrische Abmessungen der Sicherung,
- Bemessung des Kontaktstücks und des Sicherungsunterteils,
- Bemessung und Anzahl der Schmelzleiter,
- Umgebungstemperatur und Einbaubedingungen.

Die nachzuweisenden Kennwerte für die Strom/Zeit-Kennlinien von Niederspannungssicherungen sind in [51] definiert.

---

[10] Festgelegter Wert des Stroms, mit dem der Sicherungseinsatz während einer festgelegten Zeit (konventionelle Prüfdauer) belastet werden kann, ohne zu schmelzen („nf" – non fusing).

[11] Festgelegter Wert des Stroms, der innerhalb einer festgelegten Zeit (konventionelle Prüfdauer) das Ausschalten des Sicherungseinsatzes bewirkt („f" – fusing).

Technisch vorteilhaft bei der Verwendung von Sicherungen ist die strombegrenzende Ausschaltung, die sich oberhalb von etwa $20 \cdot I_n$ deutlich gegenüber sonstigen Schaltgeräten bemerkbar macht. Während aufgrund der Mechanik des Schaltgeräts eine minimale Auslösezeit (ca. 15 ms) nicht unterschritten werden kann, zerfällt der Schmelzleiter mit zunehmender Stromstärke in kürzerer Zeit. Dadurch wird die thermische und dynamische Belastung auch nachgeordneter Betriebsmittel deutlich reduziert. Bild 4.5 zeigt diesen grundsätzlichen Unterschied. Auf der Ordinate ist die Zeit, auf der Abszisse der Strom aufgetragen. Während der Leistungsschalter aufgrund der Bewegung seiner Kontakte eine Schaltzeit von 15 ms kaum unterschreiten kann, setzt sich die Kennlinie der Sicherung weiter fort. Mit zunehmender Stromstärke nimmt die Schmelzzeit des Sicherungseinsatzes weiter ab.

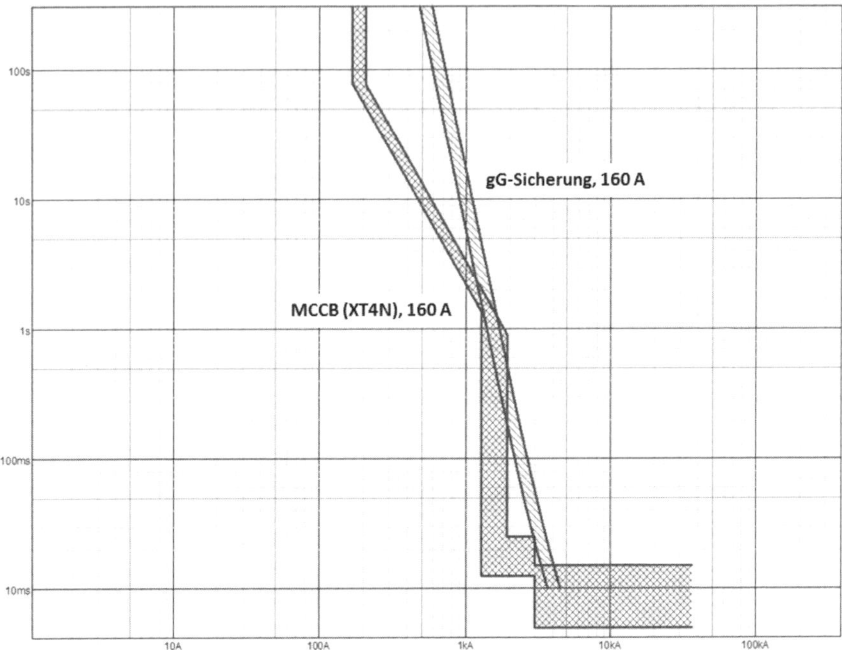

Bild 4.5: Kennlinie eines 160-A-Kompaktleistungsschalters (MCCB) und einer 160-A-gG-Sicherung

Die Betriebsklasse einer Niederspannungssicherung wird durch zwei Buchstaben ausgedrückt, von denen der erste Buchstabe die Funktionsklasse und der zweite Buchstabe das Schutzobjekt bezeichnet. Die Funktionsklasse einer Sicherung kennzeichnet ihre Fähigkeit bezüglich der Ausschaltung von Überströmen.

Niederspannungssicherungen werden als Ganzbereichssicherungen (g) und als Teilbereichssicherungen (a) ausgeführt. Ganzbereichssicherungen können alle Ströme unterbrechen, die zum Aufschmelzen des Schmelzleiters führen. Teilbereichssicherungen können nur Ströme unterbrechen, die ein definiertes Vielfaches ihres Bemessungsstroms übersteigen. Ströme unterhalb dieses Werts müssen von anderen Schaltgeräten (z. B. einem Lastschalter) unterbrochen werden, um eine Zerstörung der Sicherung zu verhindern.

Das Schutzobjekt wird durch einen weiteren Kennbuchstaben angegeben:

- „G“ – allgemeine Anwendung
- „Tr“ – Transformatorschutz
- „R“ – Halbleiterschutz
- „M“ – Motoren und Schaltgeräte
- „B“ – Bergbau
- „L“ – Kabel- und Leitungsschutz

4.4 Leitungsschutzschalter

Leitungsschutzschalter werden in [52] definiert und werden auch als MCB (Miniature Circuit Breaker) bezeichnet. Diese Schaltgeräte sind zum Schutz von installierten elektrischen Leitungen in Gebäuden gegen Überströme und ähnliche Anwendungen bestimmt. Leitungsschutzschalter sind für die Benutzung durch Laien und für wartungslosen Einsatz entworfen.

Sie müssen unter betriebsmäßigen Bedingungen Ströme einschalten, führen und ausschalten können. Außerdem müssen sie unter Überlast- und Kurzschlussbedingungen nach definierten Strom/Zeit-Kennlinien auslösen.

Eines der gängigen Unterscheidungsmerkmale erfolgt nach dem Sofortauslösestrom, dem Wert des Stroms, bei dem der Leitungsschutzschalter selbsttätig ohne beabsichtigten Zeitverlust auslöst. Nachfolgend werden die Typen B, C und D unterschieden. Bei diesen Typen darf beim kleinen Prüfstrom $I_1 = 1{,}13 \cdot I_n$ noch keine Auslösung erfolgen. Beim Prüfstrom $I_2 = 1{,}45 \cdot I_n$ muss dagegen nach der Zeitdauer von 1 h (bzw. 2 h für $I_n > 63$ A) die Auslösung erfolgen.

Wesentliches und für die Praxis das bedeutsamste Unterscheidungsmerkmal sind die Strombereiche, innerhalb derer eine Sofortauslösung erfolgt. Der hierfür maßgebliche elektromagnetische Auslöser bewirkt bei Typ B eine Auslösung spätestens beim 5-fachen Nennstrom, bei Typ C spätestens beim 10-fachen Nennstrom und bei

Typ D spätestens beim 20-fachen Nennstrom. Leitungsschutzschalter mit Auslösecharakteristiken wie „K“ (Kraft) für Motoren und Leuchten werden nach [49] gebaut, ebenso wie „Z“ für Halbleiterschutz und Leitungsschutz von langen Steuerleitungen. Dabei erfolgt die unverzögerte Auslösung beim Typ K spätestens beim 14-fachen Nennstrom, beim Typ Z spätestens beim 3-fachen Nennstrom.

Am Beispiel eines Leitungsschutzschalters des Typs B16 seien diese Stromwerte veranschaulicht:

- Auslösung bei 18,08 A (= $1{,}13 \cdot I_n$) frühestens nach 1 h
- Auslösung bei 23,20 A (= $1{,}45 \cdot I_n$) spätestens nach 1 h
- Auslösung bei 80 A (= $5 \cdot I_n$) unverzögert, d. h. in weniger als 0,1 s

Bild 4.6 veranschaulicht das Auslöseverhalten von Leitungsschutzschaltern der Typen Z, B, C und D in der Zeit-/Strom-Charakteristik beispielhaft für einen Nennstrom von I_n = 16 A.

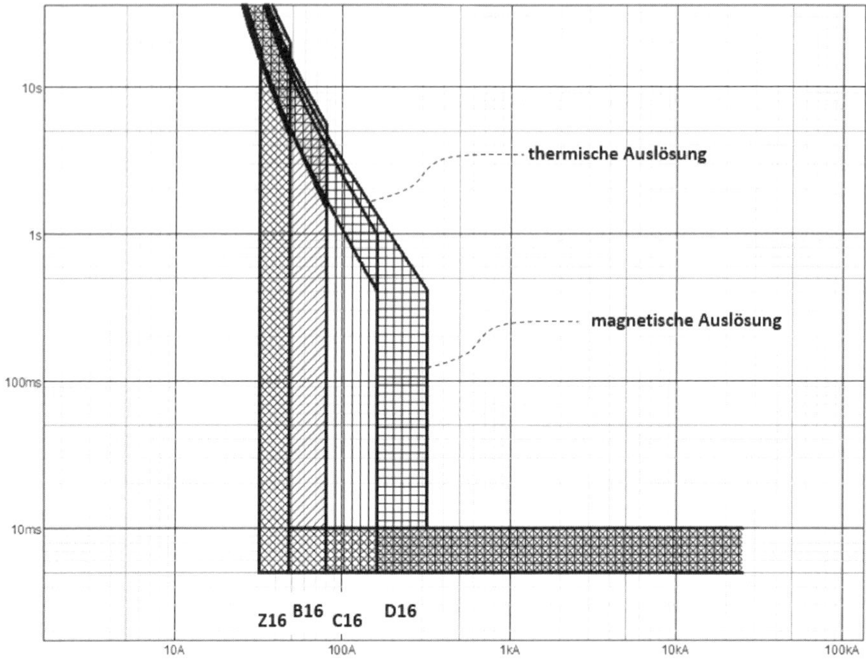

Bild 4.6: Kennlinie von Leitungsschutzschaltern 16 A der Typen Z, B, C und D

Wenn der Nennstrom des durch den Leitungsschutzschalter fließenden Stroms längere Zeit überschritten wird, erfolgt die Abschaltung. Die Zeit bis zur Auslösung hängt von der Höhe des Überstroms ab. Je höher der Überstrom ist, desto kürzer ist die Zeit bis zur Auslösung. Zur Auslösung wird ein Bimetall verwendet, das sich bei Erwärmung durch den Stromfluss verformt und den Abschaltmechanismus auslöst (thermische Auslösung).

Wenn der Nennstrom des durch den Leitungsschutzschalter fließenden Stroms um ein Vielfaches überschritten wird, erfolgt die Abschaltung innerhalb weniger Millisekunden durch einen vom Strom durchflossenen Elektromagneten (magnetische Auslösung).

5 Schutzdimensionierung und -parametrierung

Die Schutzdimensionierung wird in Niederspannungsschaltanlagen durch die Auswahl des Schaltgeräts und – sofern möglich – die Parametrierung der Schaltgeräteauslöser bestimmt.

Überströme können entweder infolge zeitweiliger Überlast oder infolge eines Kurzschlusses auftreten. Bei der zeitweiligen Überlast ist zwischen der betriebsmäßigen Überlast – z. B. während des Hochlaufvorgangs eines Motors – und der fehlerbedingten Überlast – beispielsweise infolge eines Fehlers in einem nachgeordneten Abgang – zu unterscheiden.

Die Berechnungsgrundlagen für die Höhe des Kurzschlussstroms finden sich in [15] und sollen an dieser Stelle nicht behandelt werden. Die Schutzanforderungen für die Betriebsmittel wurden in Kapitel 2 erarbeitet und werden in diesem Kapitel als Grundlage für die Dimensionierung und Parametrierung der Schutzeinrichtungen verwendet. Zweckmäßig erfolgt dies unter Anwendung professioneller CAE-Werkzeuge. Die nachfolgend verwendeten Darstellungen sind mit Hilfe des Softwarepakets DOC der ABB erstellt. Download und Nutzung dieser Software sind kostenfrei.

5.1 Schutz von Transformatoren

Die für den Transformator relevanten Schutzanforderungen wurden in Abschnitt 2.1 herausgearbeitet. Wird auf Grundlage der dort vorgenommenen Überlegungen eine Abschätzung für einen maximal zulässigen Überstrom $I_{\text{oc max}}$ des Transformators vorgenommen, so wäre in Abhängigkeit vom Transformatortyp zu fordern:

$$I_{\text{oc max}} = 1{,}0 \ldots 1{,}1 \cdot I_{\text{r}} \qquad \text{(Trockentransformator)} \qquad (5.1)$$

$$I_{\text{oc max}} = 1{,}0 \ldots 1{,}3 \cdot I_{\text{r}} \qquad \text{(Öltransformator)} \qquad (5.2)$$

Die Ansprechschwelle im Langzeitbereich könnte somit bei Trockentransformatoren um bis zu 10 % und bei Öltransformatoren um bis zu 30 % über dem Nennstrom des Transformators angesetzt werden. Im Kurzzeitbereich wäre zu berücksichtigen, dass der Einschaltstrom des Transformators in Abhängigkeit von Typ und Baugröße das 10- bis 20-fache seines Nennstroms betragen kann. Dieser Strom darf beim Zuschalten nicht zur Auslösung der Schutzeinrichtungen führen.

Außerdem wird in [19] der maximale Kurzschlussstrom definiert, den der Transformator für die Dauer von maximal 2 s thermisch führen kann. Dieser Punkt darf im

Kurzschlussfall nicht erreicht werden, d. h. eine Ausschaltung muss rechtzeitig erfolgen.

Bild 5.1 zeigt diesen Sachverhalt beispielhaft: Eine Last L1 mit einer Wirkleistungsaufnahme $P = 800$ kVA bei einem Leistungsfaktor von cos $\varphi = 0{,}9$ wird aus dem 20-kV-Mittelspannungsnetz über einen Transformator TM1 versorgt. Der Schutz des Transformators erfolgt über einen Leistungsschalter QF1. Das Mittelspannungsnetz liefert einen Kurzschlussstrom von 14,4 kA.

Der Nennleistung des Transformators TM1 von $S = 1.000$ kVA entspricht ein mittelspannungsseitiger Nennstrom $I_n = 28{,}9$ A. Der Leistungsschalter QF1 des Typs VD4 (Hersteller: ABB) ist mit einem Schutzgerät der Relion-Serie des Typs REF615 (Hersteller: ABB) ausgerüstet.

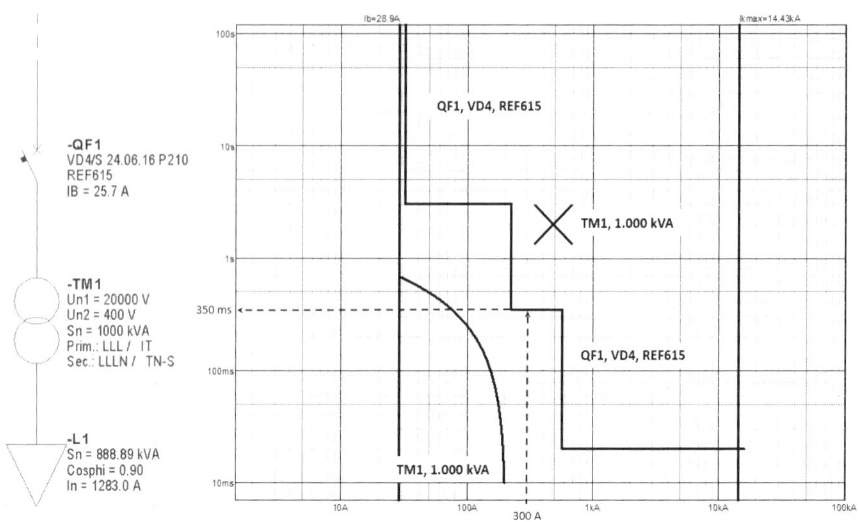

Bild 5.1: Kennlinienparametrierung für den Transformatorschutz

Bild 5.1 zeigt auf der rechten Seite die Kennlinien der drei Betriebsmittel. Der Auslöser des Schaltgeräts QF1 ist derart parametriert, dass der Einschaltstrom des Transformators nicht zur Auslösung führt. Die Hüllkurve dieses Einschaltstroms ist in dieser Grafik dargestellt. Kurzzeitig können demnach Ströme von bis zu 200 A auftreten, die jedoch nach etwa 700 ms abgeklungen sind.

Die Parametrierung des Schutzgeräts für den Leistungsschalter QF1 ist so eingestellt, dass höhere Ströme – in Bild 5.1 ist beispielhaft ein Strom von 300 A hervorgehoben – zur Auslösung führen. Ein Strom von 300 A führt innerhalb von 350 ms zur Auslösung. Ströme über 570 A führen zur Auslösung nach 20 ms. Der Schaltvorgang, d. h. der Zeitbedarf, bis zu welcher die Kontakte ihre Endposition erreicht haben, ist in dieser Zeit nicht enthalten.

Der treppenförmige Verlauf der eingestellten Kennlinie von QF1 stellt außerdem sicher, dass die thermische Belastbarkeit des Transformators im Kurzschlussfall, d. h. der maximale Kurzschlussstrom über eine Zeitdauer von 2 s, nicht überschritten wird.

Im Langzeitbereich erfolgt die Auslösung von QF1 bei einem Strom von 32 A und liegt damit etwa um den Faktor 1,1 über dem Nennstrom des Transformators von $I_n = 28{,}9$ A. Der vorbeschriebene maximal zulässige Überstrom $I_{oc\ max}$ des Transformators würde auf diese Weise nicht überschritten.

5.2 Schutz von Kabeln und Leitungen

5.2.1 Schutz gegen Überlast

Das Kabel ist definitionsgemäß für eine Zeitdauer von maximal einer Stunde mit 45 % überlastbar.[12] Interessanterweise wird die Frage, wie häufig ein Kabel derart überlastet werden darf, kaum gestellt, wenngleich bei häufiger Überlastung des Kabels in dieser Weise eine Rückwirkung auf die Lebensdauer nicht grundsätzlich auszuschließen ist.

Für den Schutz des Kabels folgt, dass zunächst der Nennstrom der Schutzeinrichtung I_n kleiner gleich der Strombelastbarkeit I_z des zu schützenden Kabels sein muss. Eine zweite Forderung lautet, dass der Auslösestrom der Schutzeinrichtung I_2 kleiner bzw. gleich $1{,}45 \cdot I_z$ sein muss.

Aus diesen Forderungen ergeben sich die heute allgemein anerkannten Gleichungen (5.3) und (5.4):

$$I_b \leq I_n \leq I_z \tag{5.3}$$

$$I_2 \leq 1{,}45 \cdot I_z \tag{5.4}$$

I_b Betriebsstrom des Stromkreises bei ungestörtem Betrieb
I_n Nennstrom der Schutzeinrichtung (bei einstellbarer Schutzeinrichtung ist I_n der eingestellte Wert)
I_z Strombelastbarkeit des Kabels
I_2 Auslösestrom, der eine Auslösung der Schutzeinrichtung innerhalb von einer Stunde bewirkt

---

[12] Zu diesem Faktor 1,45 findet sich in [Rudolph 99] eine Beschreibung der Entscheidungsprozesse, die letztlich zu diesem Wert führten. Angestrebt wurde, eine angemessene erlaubte Überlastung mit einer akzeptablen Grenze der Minderung der Isolation zu kombinieren. Der heute verwendete Wert stellt danach einen Kompromiss dar, der in den allgemein anerkannten Gleichungen (1) und (2) enthalten ist.

Gleichung (5.3) besagt anschaulich, dass die Strombelastbarkeit I_z ein oberer Grenzwert ist, der nicht dauerhaft überschritten werden darf. I_n muss sich daher zwischen I_b und I_z befinden. Gleichung (5.4) stellt über den Faktor 1,45 einen Abstand zwischen der Strombelastbarkeit I_z und dem Betriebsstrom I_b her. Dieser Faktor stellt einen allgemein anerkannten Kompromiss zwischen Nutzungs- und Schutzgrad dar. Bild 5.2 veranschaulicht diesen Zusammenhang.

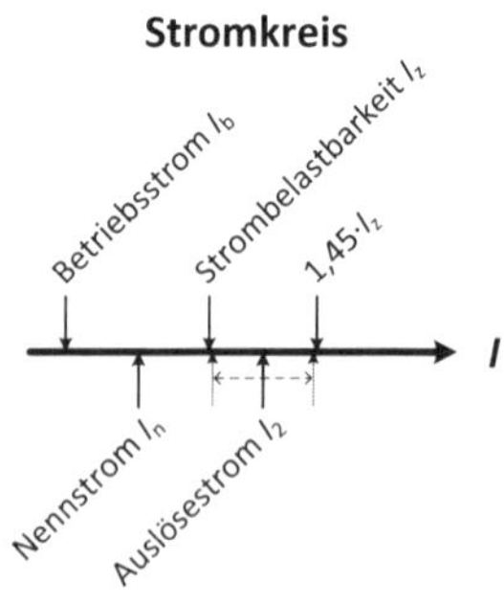

Bild 5.2: Kenngrößenkoordination zwischen Stromkreis und Schutzeinrichtung

Sofern für den großen Prüfstrom der Schutzeinrichtung die Beziehung $I_2 = 1{,}45{\cdot}I_n$ gilt, vereinfacht sich die Gleichung (5.4) zu $I_n \leq I_z$. Damit ist Gleichung (5.4) automatisch erfüllt, sobald Gleichung (5.3) erfüllt ist. Die Auswahl der Schutzeinrichtung vereinfacht sich dadurch beträchtlich.

Allerdings ist der den Prüfstrom I_2 und den Nennstrom I_n verknüpfende Faktor abhängig vom verwendeten Schaltgerät. So gilt:

- $I_2 = 1{,}3{\cdot}I_n$ Leistungsschalter [49]
- $I_2 = 1{,}45{\cdot}I_n$ Leitungsschutzschalter der Charakteristik A, B, C, D [52]
- $I_2 = 1{,}2{\cdot}I_n$ Leitungsschutzschalter der Charakteristik Z, K, E [52]
- $I_2 = 1{,}6{\cdot}I_n$ Sicherungen der Betriebsklassen gG und gM mit $I_n \geq 16$ A [51]

Bild 5.3 veranschaulicht diesen Sachverhalt: Eine Last L2 mit einer Wirkleistungsaufnahme von $P = 50$ kW und einem Leistungsfaktor cos $\varphi = 0{,}9$ wird über ein mehradriges Kabel WC2 mit dem Querschnitt 16 mm^2 und der Strombelastbarkeit I_z = 84,9 A versorgt.

Bild 5.3 (rechts) zeigt die Zeit-/Strom-Charakteristik. Dargestellt sind die Kennlinie des Schalters QF2 sowie die (Lebensdauer-) Kennlinie des Kabels WC2. Die Kennlinie des Schalters QF2 ist so zu parametrieren, dass sämtliche auftretenden Überströme vom Schaltgerät unterbrochen werden, bevor die (Lebensdauer-) Kennlinie des Kabels erreicht wird.

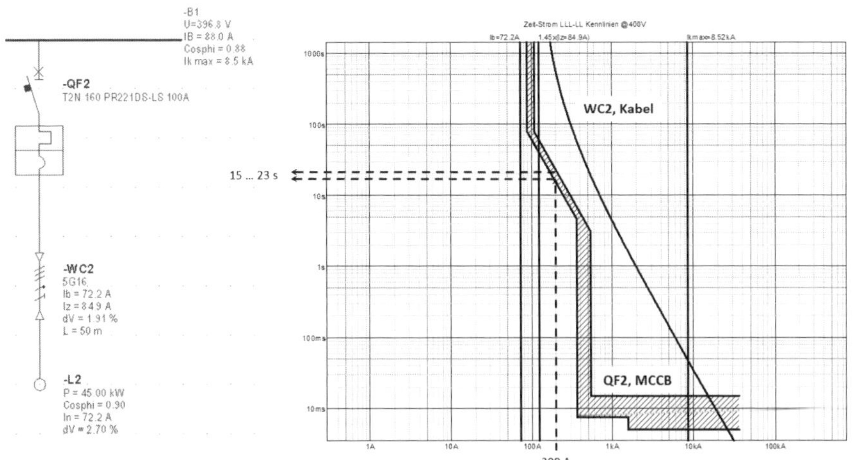

Bild 5.3: Kennlinienparametrierung Überlast für den Kabelschutz bei der Verwendung eines MCCB

Als Hilfslinien sind der Betriebsstrom der Last (72,2 A) sowie der Wert $1{,}45 \cdot I_z$ (123 A) entsprechend Gleichung (5.4) eingezeichnet. Ferner ist der maximale Kurzschlussstrom (8,52 kA) enthalten.

Ein Fehlerstrom von 200 A würde das Kabel WC2 nach ca. 10 Minuten an seine Belastbarkeitsgrenze führen. Dieser Strom würde durch QF2 frühestens nach 15 s und spätestens nach 23 s unterbrochen.

Bei etwa 16 kA schneiden sich die Kennlinien des Schaltgeräts QF2 und des Kabels WC2. Zwar wäre ein Schutz in dieser Konfiguration nicht mehr gegeben, allerdings kann aufgrund der Impedanzverhältnisse im Stromkreis ein Strom von 8,52 kA nicht überschritten werden, so dass dieser Schnittpunkt ohne Bedeutung ist.

Die Überprüfung entsprechend den Gleichungen (5.3) bzw. (5.4) führt zu:

$$I_b \,(72{,}2\ \text{A}) \leq I_n \,(84{,}0\ \text{A}) \leq I_z \,(84{,}9\ \text{A}) \tag{5.5}$$

$$I_2 \,(109{,}2\ \text{A}) \leq 1{,}45 \cdot I_z \,(123{,}0\ \text{A}) \tag{5.6}$$

I_b Betriebsstrom des Stromkreises bei ungestörtem Betrieb
I_n Nennstrom der Schutzeinrichtung (bei einstellbarer Schutzeinrichtung ist I_n der eingestellte Wert)
I_z Strombelastbarkeit des Kabels
I_2 Auslösestrom, der eine Auslösung der Schutzeinrichtung innerhalb von einer Stunde bewirkt

Der Schutz gegen Überlast entsprechend [16] ist somit gegeben.

Probleme bezüglich des Schutzes gegen Überlast zeigen sich in der Praxis häufig bei der Verwendung von Sicherungen.

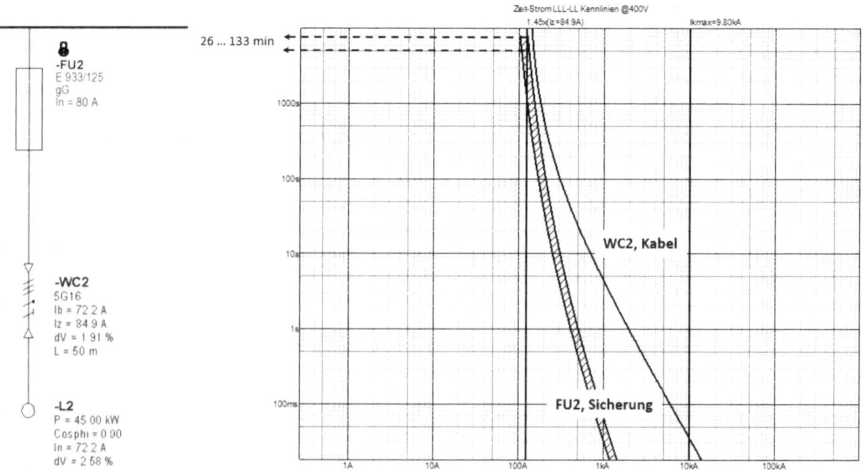

Bild 5.4: Kennlinien für den Kabelschutz Überlast bei der Verwendung einer Sicherung

Bild 5.4 greift denselben Sachverhalt auf wie Bild 5.3: Eine Last L2 mit einer Wirkleistungsaufnahme von $P = 50$ kW und einem Leistungsfaktor cos $\varphi = 0{,}9$ wird über ein mehradriges Kabel WC2 mit dem Querschnitt 16 mm^2 und der Strombelastbarkeit $I_z = 84{,}9$ A versorgt. Abweichend von Bild 5.3 erfolgt nun der Schutz durch eine Schmelzsicherung des Typs gG mit einem Nennstrom von $I_n = 80$ A.

Als Hilfslinien sind der Wert $1{,}45 \cdot I_z$ (123 A) entsprechend Gleichung (5.4) eingezeichnet, d. h. derjenige Überstrom, den das Kabel für die Dauer von 1 Stunde führen kann, sowie der maximale Kurzschlussstrom (8,52 kA).

Der Schnittpunkt der Sicherungskennlinie mit der Geraden $1{,}45 \cdot I_z$ kennzeichnet das Zeitfenster, innerhalb dessen es zur Auslösung der Sicherung kommt.

Entsprechend der hier gewählten Darstellung löst die Sicherung in einem Zeitbereich von 26…133 Minuten aus. Die erforderliche Auslösung innerhalb einer Zeitdauer von höchstens 1 Stunde ist damit nicht sichergestellt, der Schutz gegen Überlast entsprechend [16] somit nicht gegeben.

Die Überprüfung entsprechend den Gleichungen (5.3) bzw. (5.4) führt zu:

$$I_b\,(72{,}2\ \text{A}) \leq I_n\,(80{,}0\ \text{A}) \leq I_z\,(84{,}9\ \text{A}) \tag{5.7}$$

$$I_2\,(128{,}0\ \text{A}) \leq 1{,}45 \cdot I_z\,(123{,}0\ \text{A}) \quad ϟ \tag{5.8}$$

I_b Betriebsstrom des Stromkreises bei ungestörtem Betrieb
I_n Nennstrom der Schutzeinrichtung (bei einstellbarer Schutzeinrichtung ist I_n der eingestellte Wert)
I_z Strombelastbarkeit des Kabels
I_2 Auslösestrom, der eine Auslösung der Schutzeinrichtung innerhalb von einer Stunde bewirkt

Gleichung (5.8) ist nicht erfüllt, der Schutz gegen Überlast entsprechend [16] ist somit nicht gegeben.

Wird im Rahmen einer Planung jedoch auf eine rechnerische Überprüfung der Gleichungen (5.7) und (5.8) verzichtet, so fällt dieser Mangel nicht auf. So scheint bei einem Betriebsstrom $I_b = 72{,}2$ A und einer Strombelastbarkeit des Kabels $I_z = 84{,}9$ A eine Sicherung mit dem Nennstrom $I_n = 80$ A passend ausgewählt zu sein.

Da jedoch für Sicherungen entsprechend [51] mit einem Nennstrom $I_n > 16$ A der Zusammenhang $I_2 = 1{,}6 \cdot I_n$ gilt, wird Gleichung (5.4) zu

$$I_n \leq \frac{1{,}45}{1{,}6} \cdot I_z = 0{,}91 \cdot I_z \tag{5.9}$$

Bei der Verwendung von Sicherungen muss der Nennstrom I_n nicht mehr (nur) kleiner gleich der Strombelastbarkeit des Kabels I_z sein, sondern er muss kleiner gleich 91 % der Strombelastbarkeit des Kabels I_z sein.

Bei Einsatz geeigneter CAE-Werkzeuge wird bei der Berechnung diese Besonderheit deutlich. Bild 5.4 zeigt für die Sicherung FU2 das Symbol eines Schlosses. Dieses Schloss zeigt, dass eine 80-A-Sicherung bewusst eingesetzt und dem dimensionierenden Eingriff der Software entzogen wurde.

Auf diese Weise ermöglicht beispielsweise DOC, auch eine fehlerhafte Variante bewusst zu berechnen und anschließend von der Software die Information zu erhalten, worin der konkrete Fehler, d. h. hier die Abweichung von einer Norm, zu sehen ist.

Wird auf diesen bewussten Einsatz einer 80-A-Sicherung verzichtet, wird softwareseitig keine Lösung gefunden. Für die praktische Anwendung würde dies bedeuten, dass der vorliegende Kabelquerschnitt nicht von einer Sicherung gegen Überlast geschützt werden könnte.

Lösungsmöglichkeiten könnten entweder die Verwendung eines größeren Kabelquerschnitts oder aber die Verwendung einer anderen Schutzeinrichtung, z. B. eines Leitungsschutzschalters (MCB), sein.

Sollen parallel geschaltete Kabel bzw. Leitungen aus Wirtschaftlichkeitsüberlegungen mit einer gemeinsamen Schutzeinrichtung abgesichert werden, so entspricht die

Strombelastbarkeit I_z der Summe der Strombelastbarkeiten der einzelnen Kabel. Von einer gleichmäßigen Stromaufteilung auf die einzelnen Kabel kann ausgegangen werden, sofern die folgenden Anforderungen entsprechend [27] erfüllt sind:

- identischer Leiterwerkstoff,
- identischer Nennquerschnitt,
- etwa die gleiche Länge,
- keine Verzweigungen auf der gesamten Stromkreislänge,
- die parallel geschalteten Leiter in mehradrigen oder verseilten einadrigen Kabeln oder Leitungen enthalten sind oder
- die parallel geschalteten Leiter in einadrigen Kabeln oder Leitungen bei eng gebündelter oder ebener Anordnung einen Nennquerschnitt $\leq 50\ \text{mm}^2$ Cu oder $\leq 70\ \text{mm}^2$ Al aufweisen oder
- die parallel geschalteten Leiter in einadrigen Kabeln oder Leitungen bei eng gebündelter oder ebener Anordnung einen höheren Nennquerschnitt als $50\ \text{mm}^2$ Cu oder $70\ \text{mm}^2$ Al aufweisen und gleichzeitig besondere Verlegemaßnahmen getroffen sind. Diese Verlegemaßnahmen bestehen aus einer geeigneten Phasenfolge und räumlichen Anordnung der unterschiedlichen Außenleiter oder Pole.

Wenn die oben aufgeführten Bedingungen nicht erfüllt werden, müssen die Stromaufteilung ermittelt und die Nennquerschnitte so gewählt werden, dass die jeweils zulässige Betriebstemperatur nicht überschritten wird.

5.2.2 Schutz gegen Kurzschluss

Im Kurzschlussfall kommt es zu einer adiabaten Erwärmung des Leiters. Dies bedeutet, dass die durch den Kurzschlussstrom erzeugte Wärme im Wesentlichen im Leiter verbleibt und die Wärmeabfuhr an die Umgebung vernachlässigt werden kann. Der Energieeintrag in das Kabel kann auf diese Weise vergleichsweise einfach berechnet werden.

Dieser Vorgang wird durch die Leiter-Anfangstemperatur beim Eintritt des Kurzschlusses beeinflusst. Zur Wahl der Anfangstemperatur besagt [27], dass die maximal zulässige Betriebstemperatur einzusetzen ist, falls nichts anderes bekannt sei.

Bei einer Berechnung „von Hand“ wird die maximal zulässige Betriebstemperatur damit die einzig verwendbare Option sein. Bei Einsatz geeigneter CAE-Werkzeuge bietet sich jedoch die Möglichkeit, alternativ die Betriebstemperatur unter den Bedingungen des Normalbetriebs entsprechend Gleichung (2.6) zu verwenden.

Da die Betriebstemperatur üblicherweise unterhalb der maximal zulässigen Temperatur liegt, wird die dadurch größere, vom Kabel aufnehmbare Energiemenge bis zum Erreichen der maximal zulässigen Endtemperatur im Kurzschlussfall auf diese Weise berücksichtigt.

Wird in Fortführung des Beispiels entsprechend Bild 5.3 der Kurzschlussschutz unter Anwendung der Software DOC untersucht, so bestimmt sich der Term $k^2 \cdot S^2$ zu 3,38 MA²s für den Fall, dass als Anfangstemperatur die maximal zulässige Betriebstemperatur (hier 70 °C) gewählt wird. Bei Verwendung der Betriebstemperatur im Normalbetrieb (hier 58 °C) wird der Term $k^2 \cdot S^2$ zu 3,92 MA²s ausgewiesen. Die entsprechende Auswahlmöglichkeit ist im Bild 5.5 mit einem Pfeil hervorgehoben.

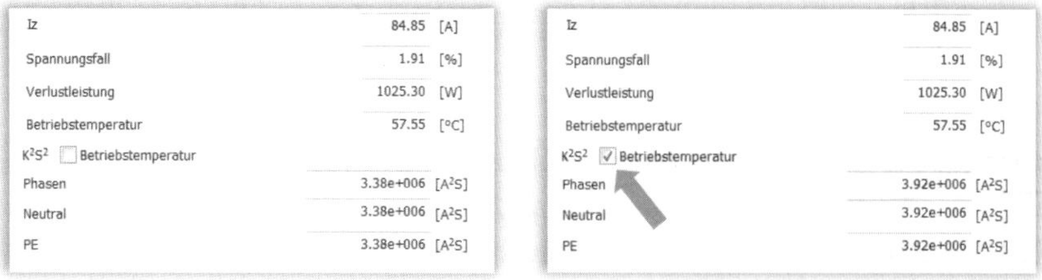

Iz	84.85	[A]
Spannungsfall	1.91	[%]
Verlustleistung	1025.30	[W]
Betriebstemperatur	57.55	[°C]
K²S² ☐ Betriebstemperatur		
Phasen	3.38e+006	[A²S]
Neutral	3.38e+006	[A²S]
PE	3.38e+006	[A²S]

Iz	84.85	[A]
Spannungsfall	1.91	[%]
Verlustleistung	1025.30	[W]
Betriebstemperatur	57.55	[°C]
K²S² ☑ Betriebstemperatur		
Phasen	3.92e+006	[A²S]
Neutral	3.92e+006	[A²S]
PE	3.92e+006	[A²S]

Bild 5.5: Maximal möglicher Energieeintrag bei Kurzschluss in Abhängigkeit von Anfangstemperatur

Dieses Beispiel verdeutlicht erneut die Vorteilhaftigkeit der Verwendung geeigneter Software für die Planung elektrischer Anlagen. Stellt die Kurzschlussbelastbarkeit bei der Kabeldimensionierung das ausschlaggebende Kriterium dar, so kann die Auswahl unter Verwendung der tatsächlichen Betriebstemperatur den Ausschlag für die Verwendung des geringeren und damit kostengünstigeren Kabelquerschnitts geben.

Eine Berechnung „von Hand“ wird allein aus Zeitgründen derartige Varianten nicht berücksichtigen können.

Die Kennliniendarstellung für die Durchlassenergie zeigt Bild 5.6. Beispielhaft führt ein Kurzschlussstrom von 6 kA bei dem verwendeten MCCB (Typ: T2N, Hersteller: ABB) zu einer Durchlassenergie von 0,15 MA²s. Dieser Wert liegt weit unterhalb des maximal möglichen Energieeintrags in das Kabel WC2 in Höhe von 3,38 MA²s bei einer angenommenen Anfangstemperatur von 70 °C.

Der Schutz gegen Kurzschluss entsprechend [16] ist somit gegeben.

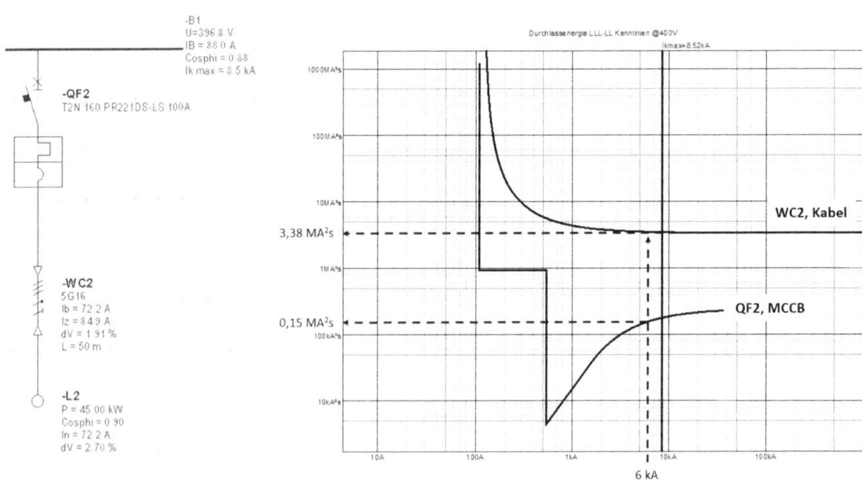

Bild 5.6: Kennlinienparametrierung Kurzschluss für den Kabelschutz bei Verwendung eines MCCB

5.2.3 Schutz bei indirektem Berühren

Die Einhaltung der Anforderungen zum Fehlerschutz (Schutz bei indirektem Berühren) gemäß [17] soll nachfolgend an dem bereits in den Bildern 5.3 und 5.6 behandelten Beispielen demonstriert werden.

Vorliegend soll der Schutz durch automatische Abschaltung der Stromversorgung überprüft werden. Die Kennliniendarstellung für die Überprüfung, ob der Schutz durch automatische Abschaltung der Stromversorgung gegeben ist, zeigt Bild 5.7.

Dargestellt ist in dieser Kennlinie der Stromfluss für den Erdschluss. Die Impedanz der Leiterschleife berücksichtigt im hier vorliegenden TN-System die Impedanz des Schutzleiters (PE).

Im Abschnitt 3.4 wurde der Lösungsweg zur Überprüfung der Abschaltbedingung aufgezeigt:

1. Schleifenimpedanz bestimmen

   (Die Impedanz der Fehlerschleife ist aufgrund der Betriebsmitteldimensionierung bekannt und kann bei Verwendung eines CAE-Werkzeugs leicht für jeden möglichen Fehlerort ermittelt werden.)

2. minimalen Fehlerstrom I_{kmin} unter Berücksichtigung der Netzimpedanz bestimmen

   (Der Fehlerstrom wird entsprechend Gleichung (3.6) ermittelt.)

3. Abschaltstrom I_a entsprechend des verwendeten Schaltgeräts bestimmen, für den eine Auslösung innerhalb der vorgegebenen Grenzwerte erfolgt
   (In Abhängigkeit vom verwendeten Schaltgerät ist zu überprüfen, welcher Strom zur Auslösung innerhalb von – hier – 5 Sekunden führt.)
4. Einhaltung der Bedingung $I_{kmin} > I_a$ überprüfen
   (Falls der minimale Fehlerstrom I_{kmin} größer ist als der Abschaltstrom I_a, so wird die Auslösung tendenziell noch schneller erfolgen als beim unter Punkt 3 ermittelten Abschaltstrom. In diesem Fall ist der Schutz durch automatische Abschaltung der Stromversorgung gegeben.)

Bild 5.7 veranschaulicht diese Vorgehensweise: Der berechnete minimale Kurzschlussstrom I_{kmin} wurde in diesem Beispiel zu 0,81 kA berechnet.

Die Einstellung des unverzögerten (I-) Auslösers ist zu $3 \cdot I_n = 300$ A gewählt. Entsprechend der Auslösekennlinie in Bild 5.7 wäre eine unverzögerte Auslösung im Strombereich 240…360 A zu erwarten.

Ein Strom von 810 A würde zur Auslösung innerhalb einer Zeit von ca. 15 ms führen und damit weit unterhalb der maximal zulässigen Grenzwerte von 0,4 s bzw. 5 s.

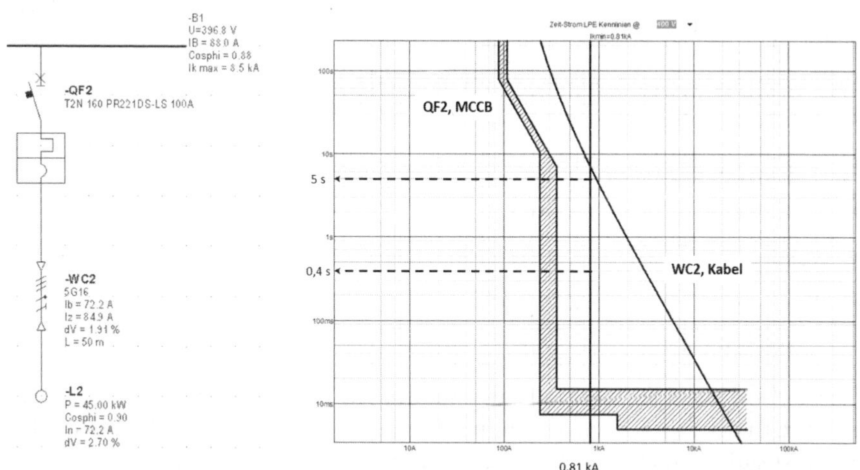

Bild 5.7: Kennlinienparametrierung Fehlerschutz für den Kabelschutz bei Verwendung eines MCCB

5.3 Schutz von Motoren

Motorstarter stellen streng genommen keine einzelnen Betriebsmittel, sondern meist eine Kombination aus Motorschutzschalter, Überlastrelais und Schütz dar. Motorstarter dienen dazu, „... *Motoren zu starten, auf die normale Drehzahl zu beschleunigen, den Motorbetrieb sicherzustellen, den Motor von der Spannungsversorgung abzuschalten und durch geeignete Schutzeinrichtungen den Motor und den zugehörigen Stromkreis bei Überlastung zu schützen*“ [38]. Motorstarter können als Direktstarter (DOL), Wendestarter (REV), Stern-Dreieck-Starter (YD), Schweranläufer (HD) oder Sanftanlasser (Softstarter) ausgeführt sein.

Der **Motorschutzschalter** integriert die Schutzfunktion des Überlastrelais und stellt einen auf das Schalten von Motoren hin optimierten Leistungsschalter dar. Neben einem ausreichenden Schaltvermögen ist die Auslösekennlinie auf die Motorcharakteristik hin angepasst. Dadurch wird sichergestellt, dass der Leistungsschalter den Hochlauf des Motors nicht fälschlicherweise als Überlast interpretiert und abschaltet.

Das **Überlastrelais**, das entweder als thermisches oder elektronisches Überlastrelais ausgeführt wird, erkennt eine Überlastung des Motors oder den Ausfall einer Phase und schaltet dann über das Schütz den Motor ab.

Dabei erfolgt die Auslösung innerhalb definierter Auslöseklassen, definiert für den 7,2-fachen Einstellstrom I_e aus kaltem Zustand. Die Auslösezeiten liegen bei:

- Auslöseklasse 5: 0,5…5 s
- Auslöseklasse 10: 2…10 s
- Auslöseklasse 10A: 4…10 s
- Auslöseklasse 20: 6…20 s
- Auslöseklasse 30: 9…30 s

Standardanwendungen werden häufig mit den Auslöseklassen 5, 10 oder 10A ausgerüstet, in der Praxis auch als Normalanläufer bezeichnet. Anwendungen mit längeren Anlaufzeiten werden entsprechend als Schweranläufer bezeichnet.

Das Überlastrelais wird bei Direktstartern auf den Bemessungsbetriebsstrom des Motors I_e und bei Stern-Dreieck-Startern auf $0{,}58 \cdot I_e$ eingestellt. Üblich ist eine Temperaturkompensation, wodurch der Einfluss unterschiedlicher Umgebungstemperaturen ausgeglichen wird.

Beim **Thermistorschutz** erfolgt eine direkte Messung der Motortemperatur im kritischen Bereich. Die Grenzen des Überlastschutzes durch ein Überlastrelais liegen vor, wenn aus dem Motorstrom nicht mehr auf die Wicklungstemperatur geschlossen werden kann. Das der Kennlinie zugrunde gelegte Ersatzschaltbild gibt in diesem Fall nicht mehr die korrekte Motortemperatur wieder, was bei großen Schalthäufigkeiten, unregelmäßigem Aussetzbetrieb, behinderter Kühlung oder einer erhöhten Umgebungstemperatur der Fall sein kann. Üblicherweise kommen PTC-(Positive Temperature Coefficient) Elemente zum Einsatz. Gelegentlich werden jedoch auch temperaturabhängige Relais verwendet, die beim Überschreiten einer Schwelltemperatur den Widerstandsbeiwert abrupt ändern.

Der **Softstarter** stellt eine Variante auf leistungselektronischer Basis dar. Eine mikroprozessorgesteuerte Leistungselektronik ermöglicht, die Motoren phasenanschnittsgesteuert ans Netz zu schalten. Dadurch wird der Drehmomentstoß beim Zuschalten des Motors reduziert, was wiederum der Lebensdauer zugutekommt.

Für die Auslegung eines kompletten Motorabgangs ist außerdem die Zuordnungsart wesentlich, die sich nach Typ 1 und Typ 2 unterscheidet. Für beide Arten sind die zulässigen Höchstgrenzen der Beschädigung angegeben. Maschinenbediener dürfen auf keinen Fall einer Gefahr ausgesetzt werden. Bei der Zuordnungsart Typ 1 sind Schäden am Schütz und/oder am Überlastrelais zulässig, wenn keine Gefährdung der Bediener vorliegt und keine weiteren Einrichtungen außer Schütz und Überlastrelais ersetzt werden müssen. Bei der Zuordnungsart Typ 2 ist ein leichtes Verschweißen der Kontakte zulässig, das sich mit einem Schraubendreher oder dem elektrischen Antrieb wieder leicht trennen lässt. Nach der Zuordnungsprüfung vom Typ 2 müssen alle Funktionen der Schutzvorrichtungen weiterhin betriebstüchtig sein.

Die Abstimmung zwischen Motor, Schaltgerät und Schütz kann zwar abgeschätzt werden, zuverlässige Nachweise erfordern jedoch umfangreiche Typprüfungen, die von Seiten der Gerätehersteller anschließend als Grundlage so genannter Koordinationstabellen[13] verwendet werden.

Für die praktische Anwendung ist es als vorteilhaft anzusehen, wenn Auswahl und Zuordnung der Komponenten eines Motorstarters unter Berücksichtigung dieser Koordinationstabellen erfolgen.

5.3.1 Schutz gegen Überlast

Nach [37] ist für Motoren mit einer Ausfallrate von 0.5...4 % p. a. zu rechnen, wobei die meisten Ausfälle (ca. 30 %) durch Überlast verursacht werden.

---

[13] Koordinationstabellen des Schaltgeräteherstellers ABB finden sich unter http://new.abb.com/low-voltage/launches/selectivity

Der Motorschutz bzgl. Überlast ist in [53] definiert. Danach muss jeder Motor mit einer Bemessungsleistung über 0,5 kW gegen Überlast geschützt werden. In Anwendungen, in denen eine automatische Abschaltung des Motorbetriebs nicht akzeptabel ist (z. B. Feuerlöschpumpen), muss die Überlasterfassung ein Warnsignal abgeben, auf das der Bediener reagieren kann. Bei Motoren, die nicht überlastet werden können (z. B. Drehmomentmotoren, Bewegungsantriebe, die entweder durch mechanische Überlastschutzeinrichtungen geschützt sind oder die entsprechend dimensioniert wurden), darf auf die Überlastschutzeinrichtungen verzichtet werden.

Überlastschutz von Motoren kann durch Verwendung von z. B. Überlastschutzeinrichtungen, Temperaturfühlern oder Strombegrenzern erzielt werden. Bild 5.8 zeigt einen Motorabgang mit der Leistung 30 kW sowie das zugehörige Auswahlfenster in DOC. Der Nennstrom des hier ausgewählten Motors beträgt 52,8 A. Um – wie in Bild 5.8 erfolgt – die Koordination einbeziehen zu können, ist die Verwendung des zugehörigen Makros für den Motorabgang erforderlich.

Für die Auswahl „*Direktanlauf (DOL)*“ und „*Normalanlauf (Klasse 10)*“ sowie „*Typ 2*“ werden als Schaltgerät ein Motorschutzschalter des Typs MS495 und ein Schütz des Typs A75 ausgewählt. Die Verwendung der Koordinationstabellen des Herstellers ABB innerhalb der Software DOC führt insoweit zwangsläufig zur Auswahl von Produkten dieses Herstellers.

Bild 5.8: Koordination des Motorschutzes in DOC

Grundsätzlich wäre es auch vorstellbar, Produkte verschiedener Hersteller zu kombinieren, sofern die bereits beschriebene Abstimmung zwischen Motor, Schaltgerät und Schütz sichergestellt ist. Liegen Nachweise durch geeignete Prüfungen vor, ist eine derartige Kombination nicht zu beanstanden, andernfalls kann die Verwendung ungeprüfter Kombinationen ein erhebliches Risiko darstellen.

Bild 5.9 zeigt die Kennliniendarstellung für den Überlastfall. Dabei ist die schematische Kennlinie für den Motor MS1 manuell in diese Darstellung integriert. Der Stromwert 200 A wird in diesem Beispiel nach etwa 2,8 s unterschritten. Das Schaltgerät QF1 würde in diesem Fall erst nach einer Zeitdauer von etwa 17 s auslösen. Auf diese Weise wird eine ungewollte Auslösung während des Motorhochlaufs vermieden.

Im Überlastbereich kann entsprechend den Ausführungen in Abschnitt 2.3.1 die Auslöseschwelle $1{,}05 \cdot I_n$ eine geeignete Wahl darstellen. In Bild 5.9 beträgt diese Einstellung 57 A, entsprechend $1{,}06 \cdot I_n$. Im Langzeitbereich würde dieser Stromfluss zur Auslösung führen.

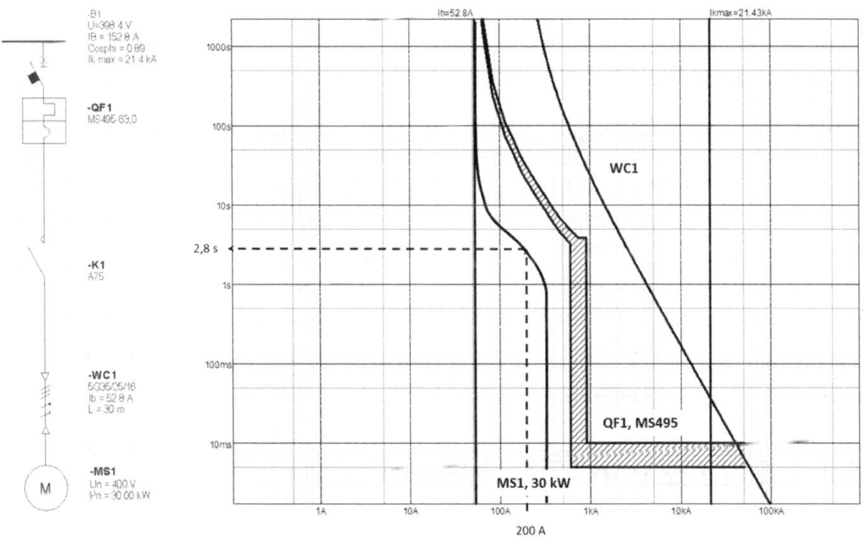

Bild 5.9: Kennlinien für den Motorschutz Überlast

5.3.2 Schutz gegen Kurzschluss

Windungskurzschlüsse sind häufig die Folge von Verschmutzung oder Überspannungen [37].

Wird von einem Anlaufstrom in Höhe des 6- bis 8-fachen Nennstroms ausgegangen, so dürfte für das Beispiel entsprechend Bild 5.9 der Anlaufstrom in einem Bereich von 317…422 A für eine Zeitdauer von wenigen Sekunden zu erwarten sein.

Eine geeignete Schutzdimensionierung darf in diesem Zeitbereich nicht auslösen. Die gewählte Einstellung des unverzögerten Auslösers führt entsprechend Bild 5.9 zu einer Auslösung bei Strömen oberhalb von 605 A.

Oberhalb einer Zeitdauer von ca. 3 s verringert sich dieser Auslösestrom des Schaltgeräts entsprechend dem zu erwartenden zurückgehenden Anlaufstrom. Der Rückgang des Anlaufstroms wird auf diese Weise in der Auslösekennlinie des Schaltgeräts nachgebildet.

Die Berücksichtigung der Koordinationstabellen in Verbindung mit einem korrekt parametrierten Motorschutz stellt die Anforderungen bezüglich Überlast- und Kurzschlussschutz sicher.

5.3.3 Schutz bei indirektem Berühren

Die Gefahr des indirekten Berührens kann praktisch durch eine Schädigung der Isolation und damit einen Erdschluss verursacht werden.

Mögliche Ursachen können zunächst in blitz- oder schaltbedingten Überspannungen zu suchen sein. Darüber hinaus können jedoch auch Umrichter zu Isolationsproblemen führen, sofern die Isolation der Motoren nicht dauerhaft den hohen Spannungsgradienten ($\mathrm{d}u/\mathrm{d}t$) gewachsen ist. Der Verzicht auf hohe Spannungsgradienten würde wiederum die Verlustleistung der Umrichter erhöhen, was betriebstechnisch ebenfalls unerwünscht sein kann. Motoren, deren Isolation nicht auf diese Beanspruchung ausgelegt ist, droht langfristig ein Abbau des Isolationsvermögens.

Zur Art und Weise des Schutzes bei indirektem Berühren sei auf die Ausführungen in Abschnitt 5.2.3 verwiesen.

5.4 Schutz von Kondensatoren

5.4.1 Schutz gegen Überlast

Für die maximale betriebsmäßige Stromaufnahme I_{Cmax} gilt nach Gleichung (2.16), dass diese den Nennstrom der Kompensationsstufe I_{n} um 43 % übersteigen kann. Erst oberhalb dieser Grenze sind auftretende Ströme als Überströme anzusehen. Diese Betrachtung gilt jedoch streng genommen nur unter der Voraussetzung, dass Oberschwingungen vernachlässigbar sind.

Unter diesen Voraussetzungen sollte der Einstellwert des Überlastschutzes etwa dem Strom I_{Cmax} entsprechen und ein Einstellwert von bis zu 50 % über dem Nennstrom der Kompensationsstufe eine angemessene Wahl darstellen.

Für die Entstehung von Überlastströmen kommen praktisch Oberschwingungen in Frage. So können die Kapazitäten in Verbindung mit den Induktivitäten des Netzes einen Schwingkreis bilden mit der Folge von entstehenden Resonanzen. Entsteht hier (unbeabsichtigt) eine Resonanzfrequenz in der Nähe einer im Netz betriebsmäßig vorhandenen Oberschwingung, so kommt es zur Überlastung durch Resonanzströme.

Üblicherweise werden zu diesem Zweck die Kondensatoren verdrosselt ausgeführt, d. h. es wird eine Induktivität in Reihe geschaltet. Auf diese Weise entsteht ein Schwingkreis, dessen Resonanzfrequenz durch die Höhe der Induktivität beeinflussbar ist und die unterhalb von Oberschwingungen und eventuell vorhandenen Rundsteuersignalen anzuordnen ist. Dabei sinkt die Resonanzfrequenz mit steigender Induktivität der Spule. Bei der wirtschaftlichen Dimensionierung dieser Induktivität ist außerdem zu berücksichtigen, dass langfristig ein Kapazitätsabbau nicht auszuschließen ist, der wiederum zur Erhöhung der Resonanzfrequenz des Schwingkreises führt.

Bemerkenswert ist der Hinweis in [40], wonach zum Schutz der Kondensatoren gegen unzulässig hohe Überströme die Verwendung von Überstromrelais empfohlen und darauf hingewiesen wird, dass die als Kurzschlussschutz eingesetzten Hochleistungssicherungen keinen genügenden Schutz gegen Überströme bieten.

5.4.2 Schutz gegen Kurzschluss

Bei der Auswahl der Schütze ist auf die entsprechende Gebrauchskategorie zu achten. Für das Schalten von Kondensatorbatterien ist die Gebrauchskategorie AC-6b zu verwenden [38]. Die Gebrauchskategorie ist durch Parameter wie Ströme, Spannungen und Leistungsfaktoren gekennzeichnet. Das Bemessungsein- und ausschaltvermögen ist durch die Gebrauchskategorie festgelegt.

Außerdem dürfen die hohen transienten Einschaltströme nicht zu einer unerwünschten Auslösung führen. Bei Leistungsschaltern ist der unverzögerte Auslöser deshalb auf hohe Werte, d. h. auf mehr als $10 \cdot I_{Cmax}$, einzustellen bzw. bei elektronischen Auslösern zu deaktivieren [54].

Werden Sicherungen verwendet, so ist ein Nennstrom von $1{,}6 \ldots 1{,}70 \cdot I_{Cmax}$ zu wählen [55].

6 Selektivität und Back-up-Schutz

6.1 Begriffsbestimmungen

Selektivität von Überstromschutzeinrichtungen bedeutet, dass im Fehlerfall nur die dem Fehlerort unmittelbar vorgeschaltete Schutzeinrichtung ausschaltet, die anderen vom Fehlerstrom ebenfalls durchflossenen Schutzeinrichtungen jedoch eingeschaltet bleiben. Auf diese Weise werden auftretende Fehler räumlich begrenzt.

Zweckmäßig werden bereits bei der Auswahl der Schutzeinrichtungen die Anforderungen bezüglich der Selektivität berücksichtigt. Während der Planungsphase werden üblicherweise zunächst die Schutzanforderungen überprüft bzw. durch geeignete Parametrierung der Schaltgeräte realisiert. Auch Aspekte des Spannungsfalls werden in dieser Phase berücksichtigt.

Sofern die Schutzanforderungen realisiert werden können, ist anschließend die Erfüllung der Anforderungen zur Selektivität anzustreben.

In der Praxis erweist sich als ein Problem, dass in Leistungsverzeichnissen häufig eine pauschale Forderung nach Selektivität verwendet wird, die der Komplexität dieses Themas nicht gerecht wird.

In [56] erfolgen grundlegende Begriffsklärungen zur Selektivität. In [49] wird bezüglich der Selektivität differenziert:

- **Volle Selektivität** bezeichnet eine „*Überstromselektivität von zwei Überstromschutzeinrichtungen in Reihe, wobei die Schutzeinrichtung auf der Lastseite den Schutz übernimmt, ohne dass die andere Schutzeinrichtung wirksam wird.*"
- **Teilselektivität** bezeichnet eine „*Überstromselektivität von zwei Überstromschutzeinrichtungen in Reihe, wobei bis zu einem gegebenen Überstromwert die Schutzeinrichtung auf der Lastseite den Schutz übernimmt, ohne dass die andere Schutzeinrichtung wirksam wird.*"

Der Grenzstrom bei Selektivität I_s (Selektivitätsgrenze) ist der Strom im Schnittpunkt der vollständigen Zeit-Strom-Kennlinie der Schutzeinrichtung auf der Lastseite mit der entsprechenden Kennlinie der anderen Schutzeinrichtung. Unterhalb dieses Grenzwerts besteht Selektivität.

Bild 6.1 zeigt schematisch die Bedeutung des Grenzstroms. Zwei in Reihe geschaltete Schutzgeräte, eine Sicherung F und ein Leistungsschalter S, werden vom selben Strom durchflossen.

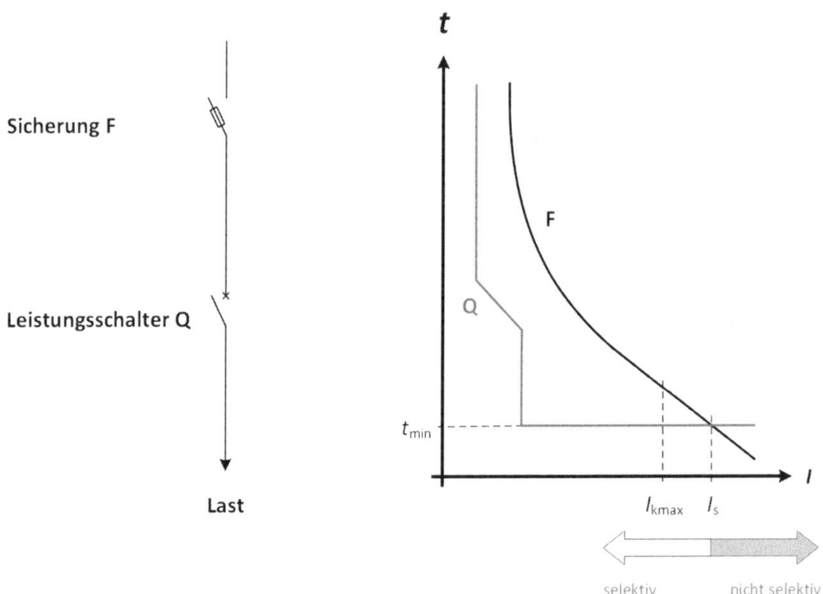

Bild 6.1: Schematische Darstellung der Auswirkungen des Grenzstroms I_s auf die Selektivität

Selektivität besteht in diesem Beispiel bis zum Grenzstrom I_s, d. h. oberhalb dieses Stroms besteht keine Selektivität mehr.

In diesem Fall läge eine Teilselektivität vor. Ob diese Teilselektivität jedoch im konkreten Fall überhaupt von Bedeutung ist, muss auch unter Berücksichtigung des maximalen Kurzschlussstroms I_{kmax} beurteilt werden.

So zeigt zwar das vorliegende Beispiel entsprechend des Bilds 6.1, dass sich die Auslösekennlinien der Sicherung F und des Leistungsschalters Q schneiden, was jedoch aufgrund des unterschiedlichen Wirkungsprinzips überhaupt nicht zu vermeiden ist. Da der maximale Kurzschlussstrom I_{kmax} jedoch geringer als der Grenzstrom I_s ist, stellt die Existenz des Grenzstroms keine Einschränkung der Selektivität dar.

Unter Back-up-Schutz wird die Zuordnung zweier Überstromschutzeinrichtungen in Reihe verstanden, wobei die auf der Einspeiseseite befindliche Schutzeinrichtung mit oder ohne Hilfe der zweiten Schutzeinrichtung den Schutz bewirkt und die übermäßige Beanspruchung der zweiten Schutzeinrichtung verhindert [56]. Praktisch bedeutet diese Definition, dass die elektrisch vorgeordnete Schutzeinrichtung mit ausschaltet, bevor das Schaltvermögen der nachgeordneten Schutzeinrichtung überschritten wird.

Dadurch kann es möglich werden, lastseitig eine Schutzeinrichtung zu verwenden, deren Ausschaltvermögen geringer als der prospektive Kurzschlussstrom an der Einbaustelle ist.

Als möglicher Nachteil ist zu berücksichtigen, dass das Auslösen von beiden Schutzgeräten meist Einbußen der Selektivität nach sich zieht. Eine wichtige Ausnahme von dieser Regel stellt der selektive Hauptsicherungsschalter dar. Bei diesem Schalter öffnen zwar die Hauptstromkontakte zunächst, schließen dann jedoch wieder, falls das nachgeordnete Schaltgerät den Stromfluss unterbricht.

Sofern der Nachweis des Back-up-Schutzes anhand herstellerseitiger Koordinationstabellen erbracht wird, kann außerdem der spätere Austausch einzelner Komponenten Schwierigkeiten bereiten, da Koordinationstabellen in der Regel nicht die Kombination alter und neuer Schaltgeräte berücksichtigen.

6.2 Nachweis der Selektivität

Zum Nachweis der Selektivität werden in der Regel „... *von den Herstellern von Überstrom-Schutzeinrichtungen Angaben über die Koordination der Schutzeinrichtungen zur Verfügung gestellt. Die Selektivität kann auch theoretisch ermittelt werden, z. B. durch Vergleich der Ausschaltkennlinien.*“ [57]

Der Selektivitätsnachweis kann somit entweder durch einen Kennlinienvergleich oder durch herstellerseitige Angaben erfolgen. Dabei ist aus Gründen der Nachvollziehbarkeit eine Dokumentation der Einstellwerte der verwendeten Auslöser erforderlich.

Beim Vergleich der Ausschaltkennlinien zweier Leistungsschalter ist ein zeitlicher Abstand der Kennlinien von mindestens 100 ms einzuhalten [10], [55]. Auch unterhalb dieser Grenze kann Selektivität möglich sein, entsprechende Aussagen können in diesem Fall vom Schaltgerätehersteller auf der Basis experimenteller Untersuchungen gegeben werden. Die Ergebnisse dieser Untersuchungen sind in so genannten Koordinationstabellen niedergelegt.

Bei der Überprüfung der Selektivität von Sicherungseinsätzen werden ergänzend die Schmelz-I^2t-Werte sowie die Gesamtausschalt-I^2t-Werte herangezogen [51].

Bild 6.2 skizziert eine Selektivitätskette, bestehend aus den in Reihe geschalteten Leistungsschaltern QF1 – QF4. Der Leistungsschalter QF1 befindet sich auf der 20-kV-Ebene. Die auf der 400-V-Ebene befindlichen Leistungsschalter QF2, QF3 und QF4 sind als Abgangsschalter von Sammelschienen ausgeführt, die auch noch andere Lasten versorgen.

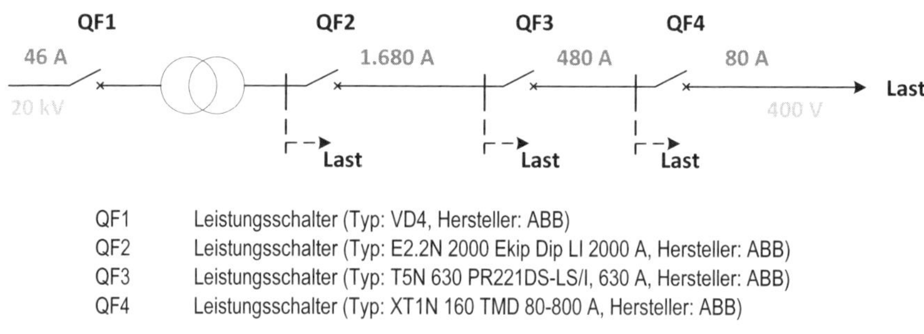

Bild 6.2: Schematische Darstellung der Selektivitätskette

QF1 führt bei 20 kV einen Betriebsstrom von 46 A, QF2 bei 400 V einen Betriebsstrom von 1.680 A, QF3 von 480 A und QF4 von 80 A. Die niederspannungsseitigen Leistungsschalter sollen derart parametriert werden, dass volle Selektivität gewährleistet ist. Eine umfassende Beschreibung zu zweckmäßigen Einstellungen von Leistungsschaltern findet sich in [58].

6.2.1 Zeitselektivität

Für die Einstellung einer Zeitselektivität werden die Schaltgeräte derart parametriert, dass die Auslösekennlinien in Zeit- und Stromrichtung variiert werden. Dies führt tendenziell dazu, dass die Auslösezeiten in Richtung der Einspeisung hin zunehmen. Insbesondere in komplexen Anlagen besteht dadurch die Gefahr, dass sich die zeitlichen Verzögerungen je Selektivitätsebene zu gefährlich langen Auslösezeiten aufsummieren können.

Die Selektivität muss unter Berücksichtigung der Betriebsströme, der Streuungen und der erforderlichen Zeit zur Auslösung und Ausschaltung eingestellt werden.

Wird der unverzögerte Auslöser für QF2 deaktiviert, so besteht theoretisch Selektivität bis zur Bemessungs-Kurzzeitstromfestigkeit I_{cw} [58] und praktisch bis hin zum maximalen Kurzschlussstrom, d. h. hier 38,68 kA. Bild 6.3 zeigt diesen Zusammenhang anhand der Auslösekennlinien beider Schalter.

Die Selektivität ist nach dieser Einstellung gegeben. Ob für die praktische Anwendung jedoch eine Selektivität unter diesen Umständen anzustreben ist, erscheint zweifelhaft. So würde QF2 unter diesen Bedingungen bei hohen Kurzschlussströmen frühestens nach 0,8 s auslösen. Käme es unter diesen Einstellbedingungen zu einem stromstarken Störlichtbogen, so wäre selbst eine störlichtbogengeprüfte

Schaltanlage überfordert, da die übliche geprüfte Lichtbogendauer mit 0,3 s nur einem Bruchteil der dann tatsächlich auftretenden Störlichtbogenbrenndauer entsprechen würde.

Unter derartigen Umständen mag der Verzicht auf eine volle Selektivität zugunsten einer Teilselektivität eine durchaus sinnvolle Lösung darstellen.

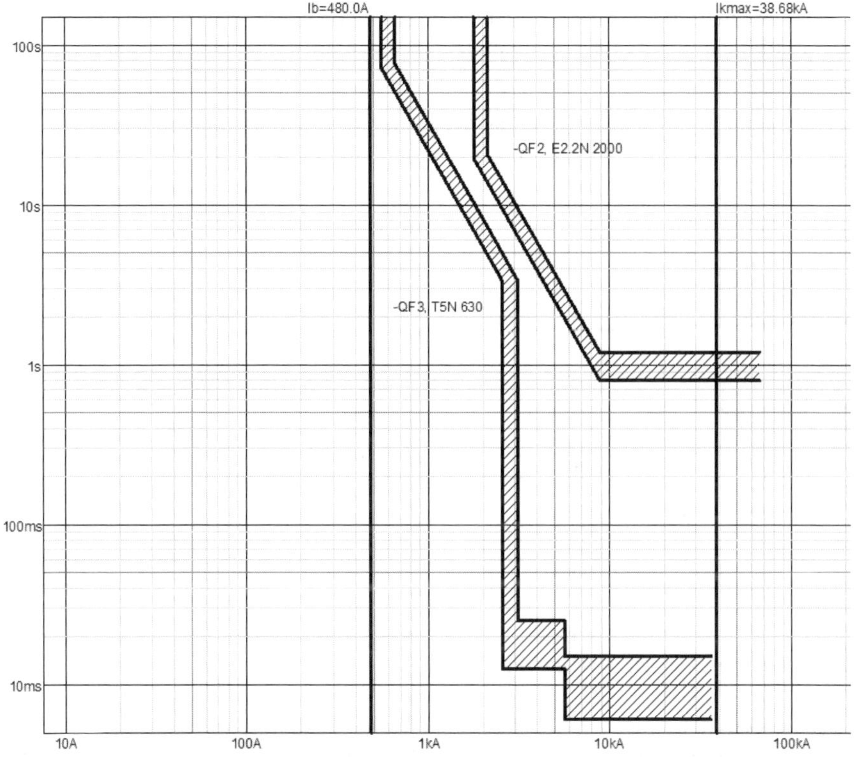

Bild 6.3: Zeitselektivität zwischen QF2 und QF3

6.2.2 Energieselektivität

Dieser Selektivitätstyp nutzt die Begrenzung der Durchlassenergie bei strombegrenzenden Schaltgeräten aus. Die Strombegrenzung führt dazu, dass bei einer Reihenschaltung zweier Leistungsschalter der elektrisch näher zur Fehlerstelle gelegene Leistungsschalter den Kurzschlussstrom derart begrenzt, dass der vorgelagerte

Schalter nicht mehr anspricht. Dieser Effekt kann üblicherweise bei Kompaktleistungsschaltern, vereinzelt auch bei offenen Leistungsschaltern mit expliziter Strombegrenzung, genutzt werden.

Die meist herstellerseitig vorgegebenen Zeit-/Strom-Kennlinien eignen sich nicht zur Abschätzung, da diese mit symmetrischer Sinuswellenform ermittelt werden. Tatsächlich jedoch sind die Wirkungen überwiegend dynamischer Art, d. h. proportional zum Quadrat des Stroms und hängen stark von der Wechselwirkung zwischen zwei in Reihe geschalteten Schaltgeräten ab. Deshalb stellen die Hersteller diese Informationen in Tabellen bzw. geeigneten Softwarepaketen zur Verfügung [58].

Bild 6.4 zeigt die Energieselektivität zwischen den Schaltgeräten QF3 und QF4. Dabei zeigt Bild 6.4 (links) die Auslösekennlinien und Bild 6.4 (rechts) die Durchlassenergiekennlinien. Wird der unverzögerte Auslöser für QF3 deaktiviert, so besteht Selektivität [58] bis hin zum maximalen Kurzschlussstrom, d. h. hier 32,41 kA.

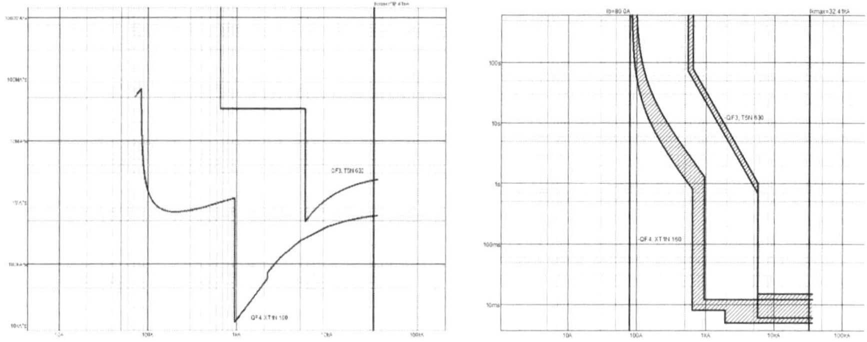

Bild 6.4: Energieselektivität zwischen QF3 und QF4

Diese Selektivität wird vom Schaltgerätehersteller bestätigt, obwohl sich in Bild 6.4 (links) die Kennlinien bei 5,7 kA deutlich überlappen und somit eine Selektivität bis maximal zu 5,7 kA gegeben scheint.

Werden die Schaltgeräte QF2, QF3 und QF4 gemeinsam in der Selektivitätskette betrachtet, so ergibt sich die Darstellung entsprechend Bild 6.5.

Der Schutzbericht, in Bild 6.5 dargestellt unterhalb der Auslösekennlinien, bestätigt Selektivität zwischen QF2 und QF3 sowie zwischen QF3 und QF4, sodass auch Selektivität zwischen QF2, QF3 und QF4 hiermit nachgewiesen ist.

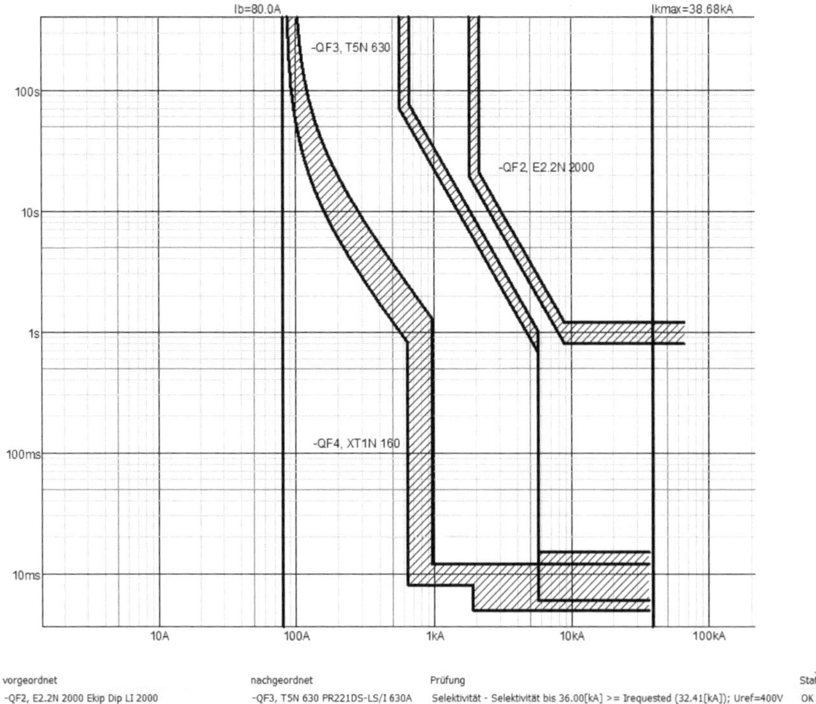

vorgeordnet	nachgeordnet	Prüfung	Status
-QF2, E2.2N 2000 Ekip Dip LI 2000	-QF3, T5N 630 PR221DS-LS/I 630A	Selektivität - Selektivität bis 36.00[kA] >= Irequested (32.41[kA]); Uref=400V	OK
-QF3, T5N 630 PR221DS-LS/I 630A	-QF4, XT1N 160 TMD 80-800	Selektivität - Selektivität bis 70.00[kA] >= Irequested (26.59[kA]); Uref=400V	OK

Bild 6.5: Selektivitätskette, bestehend aus QF2, QF3 und QF4

6.2.3 Zonenselektivität

Diese Selektivität umgeht die Beschränkungen der Strom- und Zeitselektivität durch die Übertragung von Sperrsignalen über eine separate Zweidrahtleitung. Eine umfassende Beschreibung zur Zonenselektivität findet sich in [58].

Dazu wird die elektrische Anlage in einzelne Zonen, entsprechend den Ebenen der Hauptverteilung (HV), der Unterverteilung (UV1) und der darunter angeordneten Unterverteilung (UV2) etc. eingeteilt.

Detektiert ein Schaltgerät einen Überstrom, so wird ein Sperrsignal an die vorgeordneten Schaltgeräte übertragen, wodurch deren Auslösung für eine begrenzte Zeitdauer blockiert ist. Nur derjenige Schalter unterbricht den Strom, der einen Überschlussstrom detektiert, jedoch kein Sperrsignal erhält. Auch in Maschennetzen kann diese Funktionalität genutzt werden bei Verwendung eines zusätzlichen Richtungsschutzes.

Auf diese Weise können kurze Ausschaltzeiten auch innerhalb komplexer Anlagen erreicht werden. Es entfällt dadurch die bei einer Zeitselektivität in Richtung der Einspeisung zunehmende Verzögerungszeit. Schäden können auf diese Weise reduziert werden. Darüber hinaus wird es außerdem möglich, die Selektivität auch in umfangreichen Anlagen über Staffelstufen hinweg zu gewährleisten.

Bild 6.6 veranschaulicht das Funktionsprinzip: Die Schaltgeräte QF2, QF3 und QF4 sind zu den vorgelagerten Schaltgeräten hin mit einer 2-Drahtleitung verbunden.

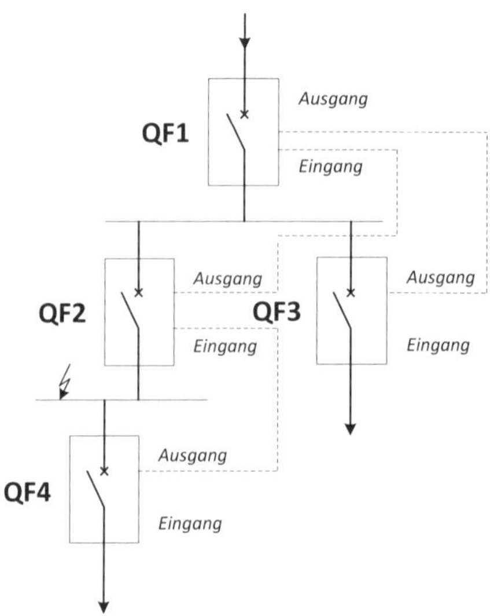

Bild 6.6: Funktionsprinzip der Zonenselektivität

Kommt es abgangsseitig von QF2 zu einem Fehler, so wird dieser von QF2 registriert und ein Sperrsignal an das vorgelagerte Schaltgerät QF1 gegeben, wodurch die Auslösung blockiert wird.

Als Zone wird der zwischen zwei in Reihe angeordneten Leistungsschaltern liegende Anlagenabschnitt bezeichnet. Die betroffene Fehlerzone ist die Zone unmittelbar unterhalb des Schaltgeräts, das den Fehler feststellt, ohne ein Sperrsignal zu empfangen. Auf diese Weise kann ein Schaltgerät, welches kein Sperrsignal erhält, aber einen Fehlerstrom registriert, unverzögert auslösen. Um dennoch eine Auslösung beispielsweise im Fall eines Schalterversagens zu ermöglichen, wird die Blockade des vorgelagerten Schalters nur eine begrenzte Zeit (ca. 100 ms) aufrechterhalten.

Die Zonenselektivität ist vorteilhaft anwendbar, wenn hohe Bemessungs- und Kurzschlussströme sowie hohe Anforderungen an Sicherheit und Verfügbarkeit bestehen.

6.2.4 Selektivität über unterschiedliche Spannungsebenen

Bei der in Bild 6.2 skizzierten Selektivitätskette befindet sich der Leistungsschalter QF1 auf der 20-kV-Ebene, die Leistungsschalter QF2, QF3 und QF4 auf der 400-V-Ebene.

Innerhalb einer Selektivitätskette sollte auch der Leistungsschalter QF1 sich selektiv zu den nachgeordneten Leistungsschaltern verhalten.

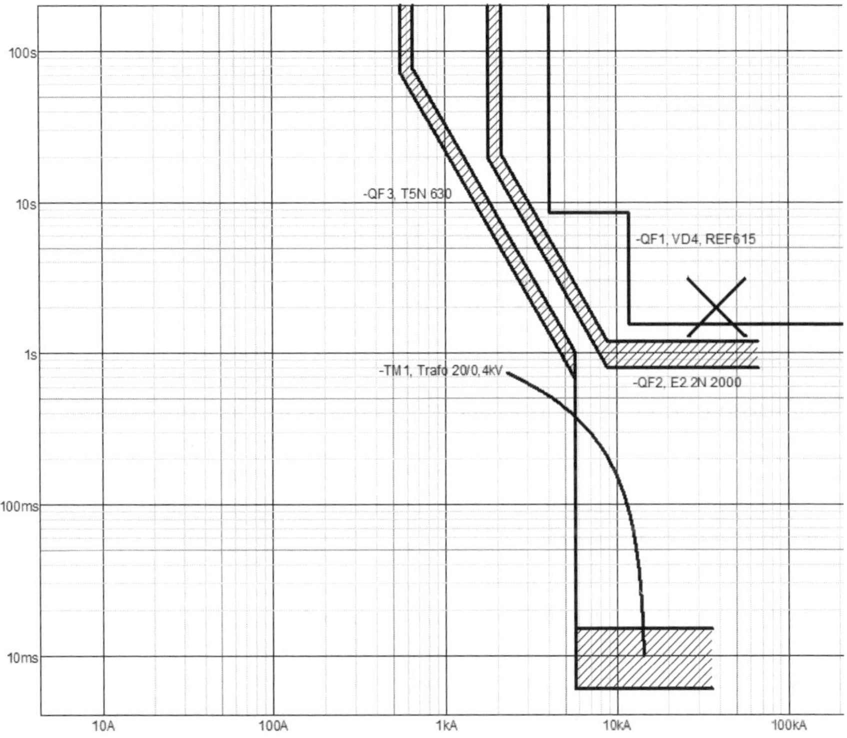

Bild 6.7: Selektivitätskette unter Berücksichtigung von QF1, QF2 und QF3

Bild 6.7 zeigt die Darstellung der Selektivitätskette für die Leistungsschalter QF1, QF2 und QF3. Dabei ist die Auslösekennlinie für QF1 transformiert auf die 400-V-Ebene dargestellt, d. h. die dargestellten Ströme sind mit dem Übersetzungsverhältnis des Transformators von der 20-kV- auf die 400-V-Ebene umgerechnet. Abgebildet ist außerdem die Kennlinie für den Transformator TM1, dessen Schutz durch QF1 sicherzustellen ist.

Der Schalter QF1 ist derart eingestellt, dass der Einschaltstrom des Transformators TM1 nicht zur Auslösung führt und der Transformator auch unter Kurzschlussbedingungen geschützt ist.

Aus praktischen Überlegungen heraus kann ein Überschneiden der Kennlinien von QF1 und QF2, d. h. dem mittelspannungsseitigen Abgangsschalter und dem niederspannungsseitigen Einspeiseschalter, möglicherweise sogar in Kauf genommen werden, da zumeist QF1 und QF2 über eine Mitnahmeschaltung miteinander verknüpft sind und die Auslösung eines Schalters dann auch zur Auslösung des verknüpften Schalters führen würde.

Zusammenfassend kann auf diese Weise die Selektivität auch über unterschiedliche Spannungsebenen hinweg nachgewiesen werden.

6.2.5 Selektivität zwischen Sicherungen

Die Prüfung der Selektivität von Sicherungseinsätzen erfolgt anhand der Zeit-Strom-Kennlinien sowie der Gesamtausschalt- und Schmelz-I^2t-Werte. Die Einhaltung der Schmelz-I^2t-Werte gemäß [51] gilt „*als Nachweis, dass bei Zeiten von mehr als 0,01 s Selektivität bei einem Verhältnis 1,6:1 zwischen den Bemessungsströmen sichergestellt ist.*“

Soweit herstellerseitig Toleranzbänder der Schmelzkennlinien zur Verfügung stehen, kann zwischen einzelnen Bemessungsströmen auch eine kleinere Abstufung möglich sein [59]. Bei sehr kurzen Ausschaltzeiten kann aufgrund der dann wirksamen Strombegrenzung eine Aussage nicht mehr ausschließlich anhand der Schmelzkennlinien erfolgen. Stattdessen sind ergänzend die Gesamtausschalt- und Schmelz-I^2t-Werte zu berücksichtigen.

Grundsätzlich sind dazu die I^2t-Werte der zu vergleichenden Sicherungseinsätze einander gegenüber zu stellen, getrennt nach dem Schmelz-I^2t-Wert und dem Gesamtausschalt-I^2t-Wert. Dabei berücksichtigt der Gesamtausschalt-I^2t-Wert den Schmelzvorgang und den anschließenden Löschvorgang nach der Entstehung des Lichtbogens im Innern der Sicherung. Für Selektivität ist zu fordern, dass der Gesamtausschalt-I^2t-Wert der untergeordneten Sicherung geringer ist als der Schmelz-I^2t-Wert der übergeordneten Sicherung.

So wäre beispielsweise zwischen einer 50-A- und einer 80-A-Sicherung Selektivität zu erwarten, nicht jedoch zwischen einer 63-A-Sicherung und einer 80-A-Sicherung.

6.2.6 Selektivität zwischen Sicherungen und Leitungsschutzschaltern

Diesbezügliche Anforderungen stellen sich, wenn im Verteiler abgangsseitig Leitungsschutzschalter verwendet werden und dieser eingangsseitig mit Sicherungen geschützt wird. Der Hausanschlusskasten in Wohngebäuden sei beispielhaft für diese Anordnung benannt.

Bild 6.1 verdeutlicht bereits anhand der Auslösekennlinien, dass oberhalb eines Grenzstroms I_s keine Selektivität mehr besteht. Ob diese Teilselektivität im konkreten Fall von Bedeutung ist, muss auch unter Berücksichtigung des maximalen Kurzschlussstroms I_{kmax} beurteilt werden.

Herstellerseitig werden für diese Kombinationen Hilfestellungen angegeben. So werden die Durchlassenergien der Schaltgeräte in Relation zu den Schmelz-I^2t-Werten der vorgeordneten Sicherungen angegeben [60]. Der Schnittpunkt dieser Kennlinien kennzeichnet dann die Selektivitätsgrenzen.

6.2.7 Selektivität bei Paralleleinspeisung

Erfolgt eine Einspeisung aus unterschiedlichen Quellen, so teilt sich der Strom in Richtung der Einspeisung auf. In der Zeit-Strom-Charakteristik ist daher die Auslösekennlinie der Einspeiseschalter QF2 und QF3 auf die Strombasis des Abgangsschalters QF4 zu beziehen.

Da sich der Strom gleichmäßig auf die beiden Einspeisungen aufteilt, ist die Auslösekennlinie der beiden Einspeiseschalter um den Faktor 2 nach rechts zu verschieben.

Die Doppeleinspeisung über zwei Transformatoren TM1 und TM2 mit jeweils einer Nennleistung $S_n = 1.000$ kVA erfolgt über die Schalter QF2 und QF3. Bei identischer Parametrierung von QF2 und QF3 sind deren Auslösekennlinien identisch.

Bild 6.8 zeigt die Auslösekennlinien von QF2 und QF3 in physikalisch korrekter Darstellung. Es entsteht zunächst der Eindruck, als wäre Selektivität nicht gegeben, da die Kennlinien von QF2 und QF3 sich mit der Kennlinie von QF4 schneiden.

Werden aufgrund der Stromaufteilung die Kennlinien von QF2 und QF3 um den Faktor 2 im Strommaßstab nach rechts, d. h. in Richtung der Pfeile, verschoben, so entspricht die gestrichelt dargestellte Kennlinie derjenigen Auslösekennlinie, die sich durch die Parallelschaltung von QF2 und QF3 ergibt. Diese gestrichelte Kennlinie stellt quasi die virtuelle Kennlinie der Parallelschaltung aus QF2 und QF3 dar.

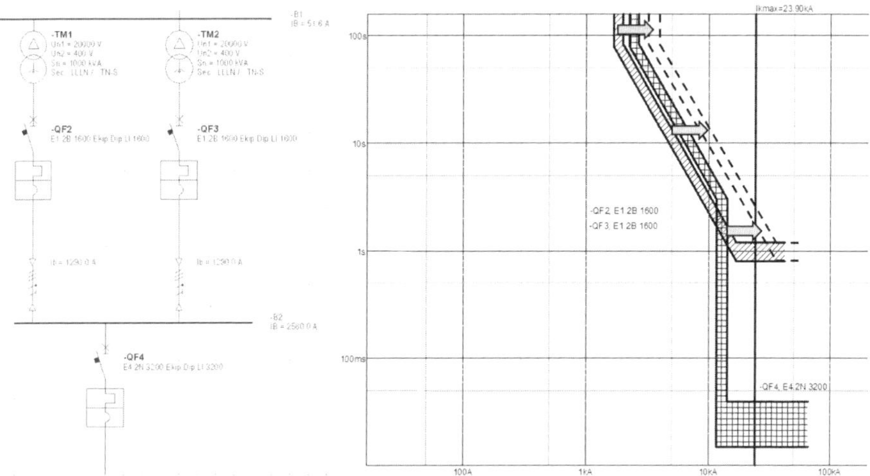

Bild 6.8: Selektivitätsnachweis bei Paralleleinspeisung

Diese einfache Vorgehensweise ist jedoch an die Einhaltung folgender Bedingungen geknüpft:

- gleiche Nennspannung ober- und unterspannungsseitig für alle Transformatoren,
- gleiche Art der Erdverbindung für alle Transformatoren,
- gleiche Schaltgruppe aller Transformatoren,
- gleiches Übersetzungsverhältnis unter Berücksichtigung der Spannungssteller,
- identische Kurzschlussspannungen der einzelnen Transformatoren,
- identische Kabellängen zwischen Transformatoren und Sammelschienen,
- identische Nennleistungen der Transformatoren,
- Verwendung von ausschließlich nicht-strombegrenzenden Leistungsschaltern,
- identische Parametrierung der Leistungsschalter.

Werden diese Bedingungen nicht eingehalten, ist eine umfassendere und detailliertere Analyse zur Selektivität erforderlich.

6.2.8 Abschätzung der Selektivität

Der Nachweis der Selektivität kann durch herstellerseitige Angaben zur Koordination der Schaltgeräte erfolgen. Alternativ ist nach [57] die theoretische Ermittlung möglich. So kann Selektivität „... *auch theoretisch ermittelt werden, z. B. durch Vergleich der Ausschaltkennlinien.*“ Diese Formulierung benennt beispielhaft den üblicherweise praktizierten Vergleich der Ausschaltkennlinien, lässt aber darüber hinaus auch andere Ansätze explizit zu. Von praktischer Bedeutung werden diesbezügliche Überlegungen, falls keine herstellerseitigen Angaben vorliegen, ein ausschließlicher Vergleich der Ausschaltkennlinien jedoch aus physikalischer Sicht unzureichend erscheint.

Einen typischen derartigen Anwendungsfall zeigt Bild 6.9 (links). Zwei Lastabgänge, Last 1 und Last 2, werden mit Sicherungen FU1 (Typ gG, Nennstrom I_n = 40 A) und FU2 (Typ gG, Nennstrom I_n = 80 A) geschützt. Auf der Einspeiseseite befindet sich ein Leistungsschalter (Typ MCCB, Nennstrom I_n = 400 A). Die Auslösekennlinien der verwendeten Schaltgeräte zeigt Bild 6.9 (rechts).

Nachfolgend soll untersucht werden, ob bei einem Kurzschluss auf der Abgangsseite der Sicherungen die Ausschaltung selektiv zum vorgelagerten Schaltgerät Q erfolgt. Der maximale Kurzschlussstrom wird mit 9 kA angegeben.

Die vorliegenden Auslösekennlinien lassen eine abschließende Beurteilung des Sachverhalts nicht zu. So wird bei hohen Kurzschlussströmen die Strombegrenzung der Sicherungen dazu führen, dass der vorgelagerte Schalter einen reduzierten Kurzschlussstrom erfährt. Eine selektive Ausschaltung würde bedeuten, dass die Strombegrenzung derart ausgeprägt ist, dass der unverzögerte Auslöser des Leistungsschalters nicht anspricht.

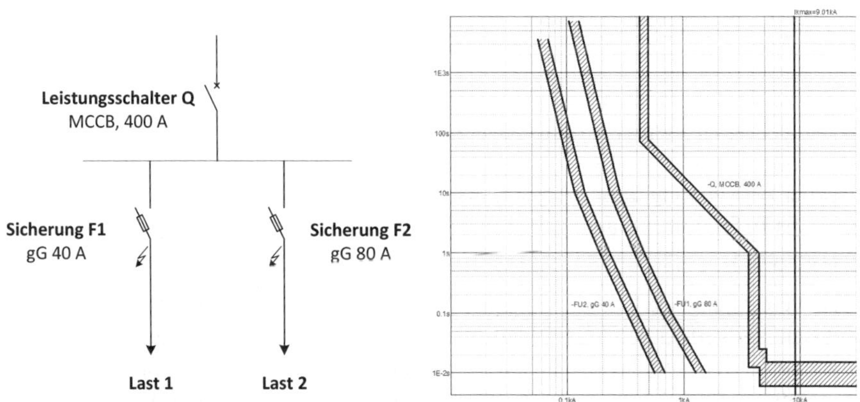

Bild 6.9: Abschätzung der Selektivität zwischen Sicherungen und vorgeordnetem Leistungsschalter

Ergänzend ist deshalb die Strombegrenzungskennlinie der verwendeten Sicherungen hinzuzuziehen. Diese Kennlinie zeigt Bild 6.10 (rechts). Die Sicherungen bewirken eine Strombegrenzung bei einem Kurzschlussstrom von 9 kA, die bei der Sicherung FU1 (I_n = 40 A) ausgeprägter ist als bei der Sicherung FU2 (I_n = 80 A).

Bei einem Kurzschlussstrom von 9 kA beträgt der Durchlassstrom von FU1 3,0 kA und von FU2 5,3 kA. Wird dieser Durchlassstrom in die Kennlinie entsprechend Bild 6.10 eingetragen, so zeigt sich, dass bei einem Strom von 3,0 kA eine Auslösung erst nach mehr als 1 Sekunde erfolgen würde. Die Strombegrenzung von FU1 wäre damit ausreichend, so dass davon ausgegangen werden kann, dass Q nicht auslösen wird. Die Kombination von FU1 zu Q wäre somit als selektiv anzusehen.

Bei einem Strom von 5,3 kA hingegen wird der unverzögerte Auslöser angeregt. Es ist davon auszugehen, dass Q auslösen wird. Die Kombination von FU2 zu Q wäre somit nicht als selektiv anzusehen.

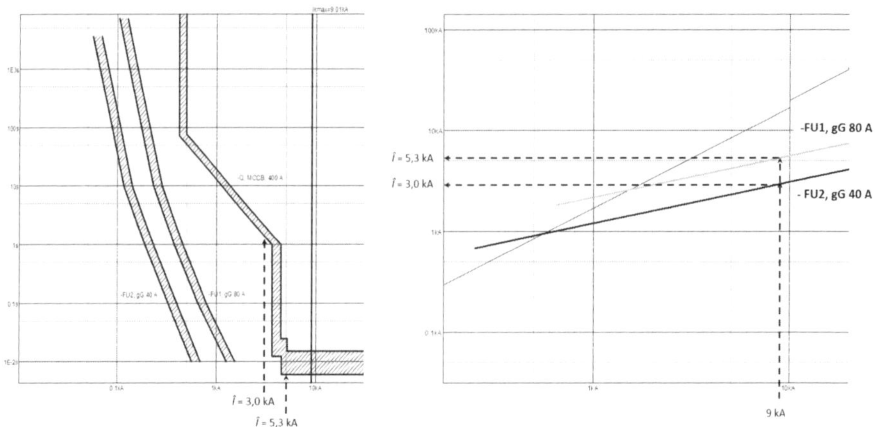

Bild 6.10: Zusammenwirken von Strombegrenzung und Auslöseverhalten

Bei der Anwendung dieses Ansatzes ist zu berücksichtigen, dass die Auslösekennlinien als Effektivwerte angegeben werden, die Durchlasskennlinie jedoch Scheitelwerte liefert.

Eine vereinfachende Umrechnung der Effektivwerte innerhalb der Auslösekennlinie auf Scheitelwerte durch Multiplikation mit dem Faktor $\sqrt{2}$ würde jedoch vernachlässigen, dass der vorgelagerte Schalter ebenfalls eine Strombegrenzung aufweist und daher die vollständige Sinushalbwelle bei großen Strömen nicht erfährt.

Wird außerdem berücksichtigt, dass auch die Durchlasskennlinie mit einer Streuung versehen ist, so wird deutlich, warum dieser Weg des Nachweises der Selektivität nicht als exakte Berechnung, sondern eher als qualifizierte Abschätzung zu verstehen ist.

6.3 Nachweis des Back-up-Schutzes

Während die Bewertung der Selektivität entweder durch Prüfung oder aber durch theoretischen Nachweis erfolgen kann, erfordert der Nachweis des Back-up-Schutzes üblicherweise Prüfungen [49]. Lediglich in „... *einigen praktischen Fällen und wenn das SCPD*[14] *ein Leistungsschalter ist* ...“ darf dennoch ein Vergleich der Ausschaltkennlinien erfolgen.

Dabei sind folgende Punkte besonders zu beachten:

- das I^2t-Integral des lastseitigen Schutzgeräts bei seinem Bemessungs-Grenzkurzschlussausschaltvermögen I_{cu} und das des einspeiseseitigen Schutzgeräts beim unbeeinflussten Kurzschlussstrom sowie
- die Auswirkungen auf das lastseitige Schutzgerät (z. B. von höchstem Stromscheitelwert, Durchlassstrom) beim Scheitelwert des Ausschaltstroms des einspeiseseitigen Schutzgeräts.

Die Eignung der Kombination darf durch Auswertung des höchsten I^2t-Integrals des einspeiseseitigen Schutzgeräts im Bereich vom I_{cu} bis zum unbeeinflussten Kurzschlussstrom bestimmt werden.

Der höchste I^2t-Durchlasswert des lastseitigen Schutzgeräts darf bei seinem Bemessungsgrenzkurzschlussausschaltvermögen I_{cu} nicht überschritten werden.

Der Back-up-Schutz erlaubt somit die lastseitige Verwendung einer Schutzeinrichtung, deren Ausschaltvermögen geringer ist als der prospektive Kurzschlussstrom am Einbauort, vorausgesetzt, dass eine andere Schutzeinrichtung mit ausreichendem Ausschaltvermögen, d. h. mindestens dem prospektiven Kurzschlussstrom, vorgeordnet ist.

Bild 6.11 verdeutlicht das Funktionsprinzip des Back-up-Schutzes am Beispiel der Schalter QF1 und QF2: An der Sammelschiene sei ein maximaler Kurzschlussstrom von 30 kA zu erwarten.

Ohne Back-up-Schutz würde als lastseitiger Schalter QF2 ein Schaltgerät mit einem Bemessungsgrenzkurzschlussausschaltvermögen I_{cu} von mindestens 30 kA ausgewählt.

Mit Back-up-Schutz erfolgt unter Anwendung der bereits beschriebenen Koordinationstabellen die Koordination zwischen QF1 und QF2 derart, dass ein Schutzgerät mit einem Bemessungsgrenzkurzschlussausschaltvermögen I_{cu} von 10 kA ausgewählt wird.

---

[14] SCPD – Short Circuit Protection Device (Kurzschluss-Schutzeinrichtung)

Wird die Durchlasskennlinie betrachtet, so führt ein maximaler Kurzschlussstrom von $I_{k\,max}$ = 30 kA zu einem Scheitelwert des Durchlassstroms von 9,6 kA. Dieser maximale Durchlassstrom wäre ebenfalls zu erwarten bei einem maximalen Kurzschlussstrom von $I_{k\,max}$ = 5,8 kA ohne Verwendung eines strombegrenzenden Schaltgeräts.

Vor diesem Hintergrund scheint ein Schutzgerät QF2 mit einem Bemessungsgrenzkurzschlussausschaltvermögen I_{cu} von 6 kA grenzwertig, aber ausschließlich auf dieser Betrachtungsgrundlage ausreichend bemessen. Nachvollziehbar ist, dass das gewählte Schutzgerät mit einem Bemessungsgrenzkurzschlussausschaltvermögen I_{cu} von 10 kA ausreichend dimensioniert ist.

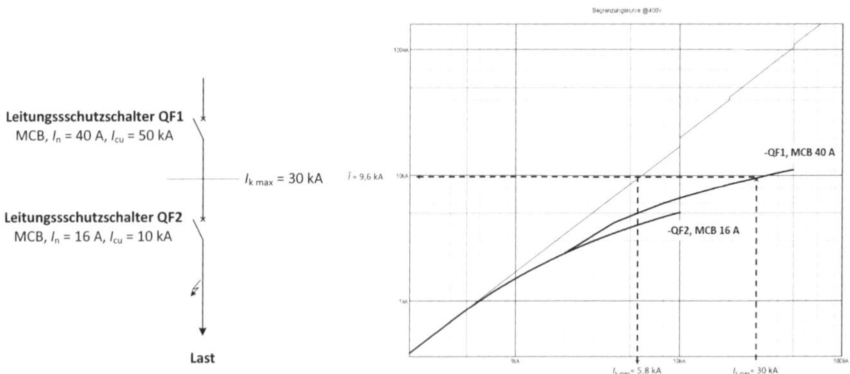

Bild 6.11: Funktionsweise des Back-up-Schutzes

Das Schutzgerät QF1 muss somit zwei Bedingungen erfüllen:

- QF1 besitzt ein ausreichendes Ausschaltvermögen (größer oder gleich dem prospektiven Kurzschlussstrom an seiner Einbaustelle und größer als der Kurzschlussstrom am Fehlerort).
- Beim Fehler mit Kurzschlussströmen oberhalb des Ausschaltvermögens von QF2 muss QF1 die spezifische Durchlassenergie auf einen Wert begrenzen, der vom Schalter QF2 und den zu schützenden Leitungen ertragen werden kann.

Damit führt der auftretende Fehler bei einem ausreichend hohen Fehlerstrom zur Auslösung von QF1 und QF2. Eine selektive Ausschaltung ist oberhalb des Grenzstroms I_s somit nicht mehr gewährleistet. Bild 6.12 veranschaulicht diesen Sachverhalt. Die Auslösekennlinien schneiden sich bei einem Grenzstrom I_s = 120 A, sodass für Fehlerströme oberhalb von 120 A keine Selektivität mehr gegeben ist.

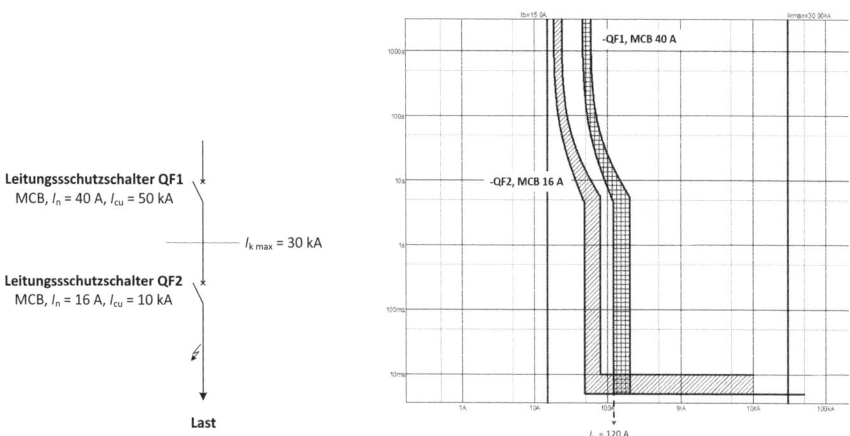

Bild 6.12: Auslösekennlinien beim Back-up-Schutz

Für die Anwendung des Back-up-Schutzes können wirtschaftliche Vorteile sprechen. So ist in diesem Beispiel davon auszugehen, dass Schutzgeräte mit einem I_{cu} = 10 kA kostengünstiger sind als Schutzgeräte mit einem I_{cu} = 30 kA. Abzuwägen ist dabei der Vorteil der Kostenersparnis beim schwächer dimensionierten Schaltgerät gegenüber dem Verlust an Selektivität bei Fehlerströmen oberhalb des Grenzstroms, für welche die Ungleichung $I_k > I_s$ erfüllt ist.

Nachteilig kann sein, dass während der Betriebsdauer der elektrischen Anlage von meist einigen Jahrzehnten der Austausch einzelner Schutzgeräte stets die Frage aufwirft, ob neue, ersetzte Schutzgeräte den Back-up-Schutz mit den bestehenden Komponenten aufrecht erhalten können. Herstellerseitig zur Verfügung gestellte Koordinationstabellen beziehen sich zumeist auf zeitgleich vertriebene Schaltgeräte. Prüfungen zwischen alten und neuen Geräteserien sind üblicherweise nicht verfügbar.

Die Verwendung eines Back-up-Schutzes sollte daher nicht nur unter Investitionsgesichtspunkten, sondern auch vor dem Hintergrund betriebstechnischer Erfordernisse abgewogen werden.

Literatur

[1] DIN EN 61140 (VDE 0140-1):2016-11
Schutz gegen elektrischen Schlag – Gemeinsame Anforderungen für Anlagen und Betriebsmittel

[2] Forschungsgemeinschaft für Elektrische Anlagen und Stromwirtschaft e.V. (Hrsg.): Ein Werkzeug zur Optimierung der Störungsbeseitigung für Planung und Betrieb von Mittelspannungsnetzen, Aachen, 2008

[3] DIN VDE 0228-2 (VDE 0228-2):1987-12
Maßnahmen bei Beeinflussung von Fernmeldeanlagen durch Starkstromanlagen (zurückgezogen in 2014)

[4] T. Hiller, M. Bodach und W. Castor: Praxishandbuch Stromverteilungsnetze, Würzburg: Vogel Buchverlag, 2014

[5] DIN EN 50522 (VDE 0101-2):2011-11
Erdung von Starkstromanlagen mit Nennwechselspannungen über 1 kV

[6] DIN VDE 0845-6-2 (VDE 0845-6-2):2014-09
Maßnahmen bei Beeinflussung von Telekommunikationsanlagen durch Starkstromanlagen – Teil 2: Beeinflussung durch Drehstromanlagen

[7] K. Heuck, K.-D. Dettmann und D. Schulz: Elektrische Energieversorgung, 9. Aufl. Wiesbaden: Springer Vieweg, 2013

[8] DIN VDE 0100-100 (0100-100):2009-06
Errichten von Niederspannungsanlagen – Teil 1: Allgemeine Grundsätze, Bestimmungen allgemeiner Merkmale, Begriffe (IEC 60364-1:2005)

[9] M. Schauer, D. Brechtken, B. Gramberg, P. Gabler und E. Hartmann: Standpunkt Fundamenterder – Erdungsanlagen, Berlin: Bundesverband der öffentl. best. u. vereid. sowie qualifizierter Sachverständiger, 2019

[10] S. Kämpfer und G. Kopatsch: Schaltanlagen-Handbuch, 12. Aufl. Cornelsen-Scriptor, 2012

[11] DIN 18015-1:2020-05
Elektrische Anlagen in Wohngebäuden – Teil 1: Planungsgrundlagen

[12] D. Brechtken: CAE in der Energieverteilung, 2. Aufl. Berlin · Offenbach: VDE Verlag, 2013

[13] H. Kiank und W. Fruth: Planungsleitfaden für Energieverteilungsanlagen – Konzeption, Umsetzung und Betrieb von Industrienetzen, B. Siemens AG, Hrsg., Publicis Publishing, 2011

[14] DIN VDE 0100-200 (VDE 0100-200):2006-06
Errichten von Niederspannungsanlagen – Teil 200: Begriffe (IEC 60050-826:2004)

[15] DIN EN 60909-0 (VDE 0102):2016-12
Kurzschlussströme in Drehstromnetzen – Teil 0: Berechnung der Ströme

[16] E DIN VDE 0100-430 (VDE 0100-430):2021-12
Errichten von Niederspannungsanlagen – Teil 4-43: Schutzmaßnahmen – Schutz bei Überstrom

[17] DIN VDE 0100-410 (VDE 0100-410):2018-10
Errichten von Niederspannungsanlagen – Teil 4-41: Schutzmaßnahmen – Schutz gegen elektrischen Schlag (IEC 60364-4-41:2005)

[18] H. U. Haas und D. Wilhelm: Sicherer Schutz von Verteiltransformatoren mit Lastschalter-Sicherungs-Kombinationen. netzpraxis, Heft 3, S. 14-19: VWEW Energieverlag GmbH, 2005

[19] T. Nunn und L. Plaster: Transformer Overload Capabilities and Operating Effects. Transformer Technical Seminar, ABB Power T&D Company Inc., USA, 2001

[20] Trafo-Union (Hrsg.): GEAFOL-Planungshinweise, Nürnberg, 1995

[21] I. Kasikci: Projektierung von Niederspannungsanlagen, 4. Aufl. Hüthig & Pflaum, 2018

[22] DIN EN 50464-3 (VDE 0532-223):2007-12
Ölgefüllte Drehstrom-Verteilungstransformatoren 50 Hz, 50 kVA bis 2.500 kVA mit einer höchsten Spannung für Betriebsmittel bis 36 kV – Teil 3: Bestimmung der Bemessungsleistung eines Transformators bei nichtsinusförmigen Lastströmen

[23] DIN IEC 60076-7 (VDE 0532-76-7):2008-02
Leistungstransformatoren – Teil 7: Leitfaden für die Belastung von ölgefüllten Leistungstransformatoren

[24] DIN EN 60076-5 (VDE 0532-76-5):2007-01
Leistungstransformatoren – Teil 5: Kurzschlussfestigkeit

[25] H. Schmolke: Brandschutz in elektrischen Anlagen, Hüthig & Pflaum, 2012

[26] DIN 4102-12:1998
Brandverhalten von Baustoffen und Bauteilen – Teil 12: Funktionserhalt von elektrischen Kabelanlagen; Anforderungen und Prüfungen

[27] DIN VDE 0298-4 (VDE 0298-4):2013-06
Verwendung von Kabeln und isolierten Leitungen für Starkstromanlagen – Teil 4: Empfohlene Werte für die Strombelastbarkeit von Kabeln und Leitungen für feste Verlegung in und an Gebäuden und von flexiblen Leitungen

[28] DIN VDE 0100-520 (VDE 0100-520):2013-06
Errichten von Niederspannungsanlagen – Teil 5-52: Auswahl und Errichtung elektrischer Betriebsmittel – Kabel- und Leitungsanlagen

[29] DIN VDE 0276-1000 (VDE 0276-1000):1995-06
Starkstromkabel – Teil 1000: Strombelastbarkeit, Allgemeines – Umrechnungsfaktoren

[30] H. Schmolke: Auswahl und Bemessung von Kabeln und Leitungen, 6. Aufl. Hüthig GmbH, 2015

[31] DIN VDE 0276-603 (VDE 0276-603):2010-03
Starkstromkabel – Teil 603: Energieverteilungskabel mit Nennspannung 0,6/1 kV (Deutsche Fassung HD 603 S1)

[32] A. S.-K. G. (Hrsg.): Auslöse-Charakteristiken für Sicherungsautomaten im Vergleich. Technische Information Nr. 2CDDC 400 002 D0101, Heidelberg, 2003

[33] DIN VDE 0100-540 (VDE 0100-540):2012-06
Errichten von Niederspannungsanlagen – Teil 5-54: Auswahl und Errichtung elektrischer Betriebsmittel – Erdungsanlagen und Schutzleiter (IEC 60364-5-54:2011)

[34] J. Vogel: Elektrische Antriebstechnik, 6. Aufl. Heidelberg: Hüthig Verlag, 1998

[35] Siemens AG: Grundlagen der Niederspannungs-Schalttechnik, 2008

[36] S. Fassbinder: Analyse und Auswirkungen von Oberschwingungen – Teil 3: Auswirkungen auf Neutralleiter, Drehfeldmotoren und Trafos. *In:* Elektropraktiker, 2014

[37] Rockwell Automation AG: Grundlagen für die Praxis – Motorschutz, 1998

[38] DIN EN 60947-4-1 (VDE 0660-102):2020-05
Niederspannungsschaltgeräte – Teil 4-1: Schütze und Motorstarter – Elektromechanische Schütze und Motorstarter

[39] DIN EN 61921 (VDE 0560-700):2004-02
Leistungskondensatoren – Kondensatorbatterien zur Korrektur des Niederspannungsleistungsfaktors

[40] W. W. Just und W. Hoffmann: Blindstromkompensation in der Betriebspraxis – Ausführung, Energieeinsparung; Oberschwingungen, Spannungsqualität, 4. Aufl. Berlin · Offenbach: VDE Verlag, 2003

[41] ABB Sace S.p.A.: Power factor correction and harmonic filtering in electrical plants, Technical Application Paper, 2008

[42] DIN EN 60831-1 (VDE 0560-46):2014-11
Selbstheilende Leistungs-Parallelkondensatoren für Wechselstromanlagen mit einer Bemessungsspannung bis 1.000 V – Teil 1: Allgemeines – Leistungsanforderungen, Prüfung und Bemessung – Sicherheitsanforderungen – Anleitung für Errichtung und Betrieb

[43] R. Hotopp, M. Kammler und M. Lange-Hüsken: Schutzmaßnahmen gegen elektrischen Schlag nach DIN VDE 0100-410, DIN VDE 0100-470, DIN VDE 0100-540, 11. Aufl. Berlin · Offenbach: VDE Verlag, 1998

[44] G. Biegelmeier, D. Kieback, G. Kiefer und K.-H. Krefter: Schutz in elektrischen Anlagen – Band 1: Gefahren durch den elektrischen Strom, 2. Aufl. Berlin · Offenbach: VDE Verlag, 2003

[45] M. Schauer, D. Brechtken, P. Gabler und G. Dachs: Systeme in Niederspannungsnetzen, Berlin: Bundesverband öffentl. bestellter und vereidigter sowie qualifizierter Sachverständiger (BVS), 2020

[46] G. Kiefer, H. Schmolke und K. Callondann: VDE 0100 und die Praxis: Wegweiser für Anfänger und Profis, 17. Aufl. Berlin · Offenbach: VDE Verlag, 2021

[47] W. Mües: Qualifikation der Netzmeister: Handlungsfeld Strom, Gütegemeinschaft Ein- und Mehrsparten-Qualifikation (GMQ), 2008

[48] DIN VDE 0100 (VDE 0100) Beiblatt 5:2021-06
Errichten von Niederspannungsanlagen – Beiblatt 5: Maximal zulässige Längen von Kabeln und Leitungen unter Berücksichtigung des Fehlerschutzes, des Schutzes bei Kurzschluss und des Spannungsfalls

[49] DIN EN 60947-2 (VDE 0660-101):2020-11
Niederspannungsschaltgeräte – Teil 2: Leistungsschalter

[50] DIN EN IEC 60947-3 (VDE 0660-107):2021-09
Niederspannungsschaltgeräte – Teil 3: Lastschalter, Trennschalter, Lasttrennschalter und Schalter-Sicherungs-Einheiten

[51] DIN EN 60269-1 (VDE 0636-1):2015-05
Niederspannungssicherungen – Teil 1: Allgemeine Anforderungen

[52] DIN EN 60898-1 (VDE 0641-11):2020-11
Elektrisches Installationsmaterial – Leitungsschutzschalter für Hausinstallationen und ähnliche Zwecke – Teil 1: Leitungsschutzschalter für Wechselstrom (AC)

[53] DIN EN 60204-1 (VDE 0113-1):2019-06
Sicherheit von Maschinen – Elektrische Ausrüstung von Maschinen – Teil 1: Allgemeine Anforderungen

[54] ABB Sace S.p.A.: Electrical Installation Handbook – Volume 2: Electrical Devices, Bergamo, Italy, 2003

[55] Siemens AG: Applikationshandbuch – Bd. 2: Entwurfsplanung, 2007

[56] DIN EN IEC 60947-1 (VDE 0660-100):2022-03
Niederspannungsschaltgeräte – Teil 1: Allgemeine Festlegungen

[57] DIN VDE 0100-530 (VDE 0100-530):2018-06
Errichten von Niederspannungsanlagen – Teil 530: Auswahl und Errichtung elektrischer Betriebsmittel – Schalt- und Steuergeräte

[58] ABB SACE: Technisches Anwendungshandbuch Nr. 1 – Die Niederspannungs-Selektivität mit ABB-Leistungsschaltern, 2011

[59] K.-H. Kny: Schutz bei Kurzschluss in elektrischen Anlagen, 2. Aufl. Berlin: Huss-Medien GmbH, 2010

[60] ABB STOTZ-KONTAKT GmbH: Katalog Niederspannungsprodukte – Teil 2. *In:* Druckschrift Nummer 2CDC 001 003 C0111, 2014

[61] DIN EN 60076-5 (VDE 0532-76-5):2007-01
Leistungstransformatoren – Teil 5: Kurzschlussfestigkeit

Maßgebend für das Anwenden der Normen und VDE-Anwendungsregeln sind deren Fassungen mit dem neuesten Ausgabedatum, die erhältlich sind bei VDE VERLAG GMBH, Bismarckstr. 33, 10625 Berlin, www.vde-verlag.de, bzw. Beuth Verlag GmbH, www.beuth.de.

Stichwortverzeichnis